复旦光华青少年文库 | 科学素养系列

本书获“2015年上海市优秀科普图书三等奖”

化学就在你身旁

刘旦初　编著

复旦大学出版社

图书在版编目(CIP)数据

化学就在你身旁/刘旦初编著. —上海:复旦大学出版社,2015.5 (2023.8 重印)
(复旦光华青少年文库)
ISBN 978-7-309-10809-5

Ⅰ. 化…　Ⅱ. 刘…　Ⅲ. 化学-青少年读物　Ⅳ. 06-49

中国版本图书馆 CIP 数据核字(2014)第 143481 号

化学就在你身旁
刘旦初　编著
责任编辑/梁　玲

复旦大学出版社有限公司出版发行
上海市国权路 579 号　邮编: 200433
网址: fupnet@fudanpress.com　http://www.fudanpress.com
门市零售: 86-21-65102580　　团体订购: 86-21-65104505
出版部电话: 86-21-65642845
上海崇明裕安印刷厂

开本 890×1240　1/32　印张 6.5　字数 172 千
2015 年 5 月第 1 版
2023 年 8 月第 1 版第 4 次印刷

ISBN 978-7-309-10809-5/O · 544
定价: 30.00 元

前 言

化学是自然科学基础学科之一,正如中国科学院前院长卢嘉锡院士所说:“化学发展到今天,已经成为人类认识物质自然界、改造物质自然界,并从物质和自然界的相互作用得到自由的一种极为重要的武器。就人类的生活而言,农轻重,吃穿用,无不密切地依赖化学。在新的技术革命浪潮中,化学更是引人瞩目的弄潮儿。”

化学与人类的关系是十分密切的,它涉及的范围可以说是无所不包,以致在人类的生活中化学无处不在。正所谓“人生无处不化学”。有人说,“化学太危险,整天与易燃、易爆、有毒、致癌的危险品打交道。”其实,这是一种误解。化学研究中的确会遇到一些危险品,但这并不是化学的主要内容,更不是化学的全部内容。再说,危险品在生活中是客观存在的,要避免受它的伤害,正需要掌握一定的化学知识。

《化学就在你身旁》这本书,以社会热点问题为主线,讲述其中的化学道理,让你了解发生在你身边的现象,更让你从知其然上升到知其所以然,有的知识还能让你防患于未然。

全书共10篇,讲述我们身边的化学知识,具体包括能源、粮食、环境、安全、高分子材料、表面活性剂、五彩缤纷的世界、健康、食品安全和诺贝尔等篇章。各篇仅选择一些与大家关系比较密切的内容。本书不仅介绍知识,也十分注意让读者从知识的学习中感受思维方法的收获。这本书适合于刚学化学的中学生阅读，它也是希望了解身边化学现象的读者的一本阅读材料。文中插入了“小品”、“链接”、“思考”、“实验”、“小结”等，这些都是相关内容的延伸、应用和插曲，以激发读者的兴趣和求知欲望。文中也许会有一些同学们尚未学到的名词或结构式出现，大家不必去深究，只是让你有个感性认识，当你再学到这些知识时，就会有似曾相识的感觉，会更容易接受。

虽然这是一本科普读物，但涉及的内容较广，本人的水平有限，难免有不当之处，诚望专家和读者的批评指正。

刘旦初

2015年5月于复旦大学

目 录

第 1 篇

能　源

§1.1 汽油

1.1.1 汽油从哪里来?

在人类生活中有一种液体燃料十分重要,那就是汽油,它是小汽车、卡车和火车的主要燃料。汽油从哪里来?它是从蕴藏在地下的石油中提炼出来的。图 1.1.1 和图 1.1.2 分别是石油开采装置和海上钻井平台。

图 1.1.1 石油开采装置

图 1.1.2 海上钻井平台

石油是自然界赋予人类的宝贵财富,目前人类使用的能源中,来自石油的液体燃料所占比重最大,如汽油、煤油、柴油以及重油。

石油不是一种化合物,而是烃类化合物的混合物。烃类化合物由碳和氢构成,也称碳氢化合物。碳是一个四价的元素,可以理解为它有 4 只手,每只手可以拉一个别的元素。如大家熟悉的甲烷就是最简单的烃类化合物,四价的碳拉住了 4 个一价的氢:

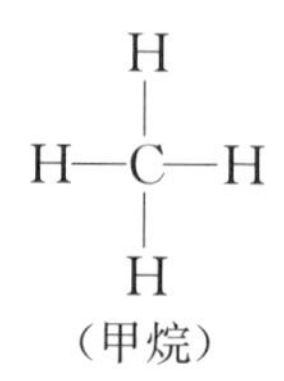

(甲烷)

碳原子也可以自己相互拉手形成碳链，如丁烷：

```
   H  H  H  H
   |  |  |  |
H—C—C—C—C—H
   |  |  |  |
   H  H  H  H
```

（丁烷）

由于碳的价键都已和别的元素连接而得到满足，这种结构也称为饱和烃。如果碳链成一条直线型，可以称为直链烃或正构烷烃；如果碳链不是一条直线，就称为支链烃或异构烷烃，如异丁烷：

```
 H       H       C
   \     |     /
 H—C——C——C—H
   /     |     \
 C       C       C
       / | \
      H  H  H
```

（异丁烷）

如果碳和碳之间有两只手，甚至 3 只手相连，那么和碳相连的氢就会减少，这种化合物称为不饱和烃，其中含有碳碳双键的烃称为烯烃，含有碳碳三键的烃称为炔烃，如乙烯：

```
   H  H
   |  |
H—C═C—H
```

（乙烯）

“烯”和“稀”谐音，表示氢少了些。

又如乙炔：

```
H—C≡C—H
```

（乙炔）

“炔”和“缺”谐音，少了很多就是缺。

不同烃类化合物的命名是根据日内瓦命名法来确定的。例如，10 个碳之内的烷烃，我国用天干（即甲乙丙丁戊己庚辛壬癸）来命名:一个碳为甲烷,10 个碳为癸烷;10 个碳以上就直接用数字来表达,如十一烷、二十烷等。

石油是从一个碳到四十几个碳链长的烃类化合物的庞大混合物。它本身直接可以当作燃料使用,但是科学家们认为这种使用方法不合理,也不科学。应该先将它们进行适当的分离,然后再分别使用,这样就可达到物尽其用的目的。

石油各种成分的沸点随着碳原子数的增加,也随之升高(见表 1.1.1)。因此,我们可以用分馏的办法将它们分离或加以分割。所谓分馏就是利用加热的方法将混合物中的各种成分蒸发为气体,再利用各种物质的沸点不同而加以分开的方法。如图 1.1.3 所示为常压分馏塔装置的示意图。

表 1.1.1　碳原子数和烃类物质形态的关系

碳原子数	1～4	5～15	>15
物质形态	气态	液态	固态
实例	甲烷　乙烷	汽油　煤油	石蜡

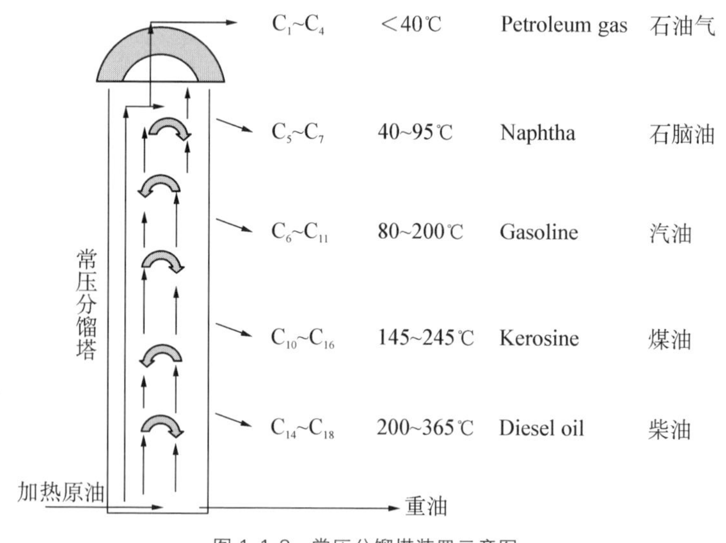

图 1.1.3　常压分馏塔装置示意图

在一个分馏塔中，石油被加热后送入塔的底部。那些本来在常温常压下是气态而溶解在混合物中的组分立刻挥发跑向塔顶。塔底不断加热，随着温度的升高，那些沸点低的组分也开始蒸发成蒸气向上跑。由于塔的上部温度较低，蒸汽遇冷又凝聚成液态向下滴。此时塔底上来的热蒸气又会将热量传递给这些液滴使其再蒸发变为气态。只要塔底不断地加热，塔中就不断地进行着热交换。于是，沸点低的物质跑向了塔的上部，沸点高的则留在下部，分馏塔从上到下形成了一个沸点从低到高的梯度分布。这样，就可以在塔的不同高度引出不同沸点范围的不同组分。由于此塔是在常压下操作，故称为常压分馏塔。

从图1.1.3的数据中，我们可以得到这样一些信息：

首先，从常压分馏塔中出来的产品大部分是人类生活中不可或缺的液体燃料。

其次，分馏得到的各种产品仍然是混合物。因此，它们的沸点有一个范围，称作“沸程”。

再有，产品之间的碳原子数或沸点范围是有交叉的。要让所有的组分都交割干净，分馏的条件就十分苛刻。在化学实验室里，精密分馏仪可以把混合物中的每一个组分提纯出来。而作为生活中使用的液体燃料没有必要去分割得如此干净。汽油就是从石油分馏中得到的一种混合物产品。

最后，我们还可以注意到，常压分馏塔中的温度已升高到365℃，然而得到的产品的最高碳原子数只有18。塔底还有好多东西呢！为什么不把它们分馏出来呢？原来碳原子数增多，其沸点更高，再提高加热温度的话，就会使其发生分解而达不到预期的效果。怎么办呢？

为了让那些沸点高的组分既不发生分解，又要让它们变成蒸气，就必须在沸点上寻找解决办法。众所周知，物质的沸点，不是由物质本身唯一决定的参数，它还和外界的大气压有关。所谓沸点，即当温度被加热到使某一液体的蒸气压达到与外界气压一样时，该温度即为此液体在该条件下的沸点。由此可见，外界气压高，沸点就高；外界气压低，沸点就低。这样就可以为在常压下不易蒸出的组分设计一个特殊的密闭分馏塔，在这个塔内保持低气压，把在常压分馏塔中尚未分离开出的“重油”送到这种减压分馏塔装置（见图 1.1.4），同样加热到 365℃，可以使高沸点的组分变为蒸气。于是从减压分馏塔，我们又可得到许多有用的产品（见表 1.1.2）。

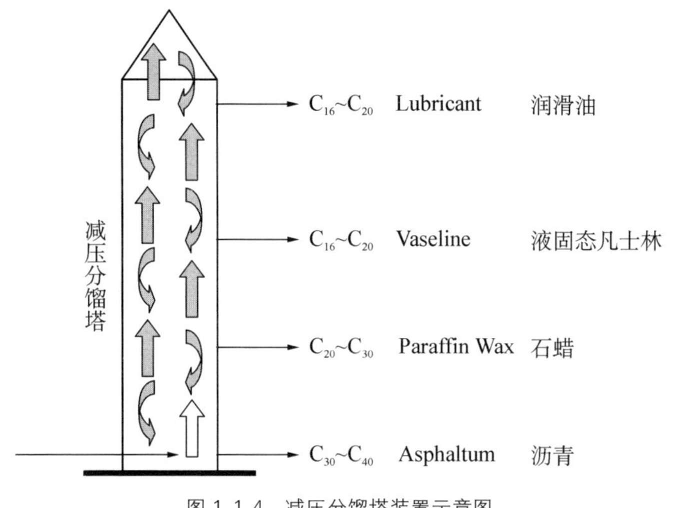

图 1.1.4 减压分馏塔装置示意图

表 1.1.2 减压分馏产品

产品	润滑油	凡士林	石蜡	沥青
碳原子数	16～20	液固态烃混合物	20～30	30～40

1.1.2 93 号汽油是什么意思?

前文所述汽油也是混合物。由于制备汽油的原油不同，各个分馏塔分割的馏分也不完全相同，因此各地生产的汽油组分就有很大的差异，反映在汽油的质量就会有所不同。汽油的质量应从汽油使用过程中出现的主要问题来决定。

汽油主要用于内燃机，内燃机的构造如图 1.1.5 所示。内燃机在运转时要经过进气、压缩、点火和排气 4 个冲程（见图 1.1.6）。于

是，活塞的直线运动，经过曲轴就转变为圆周运动，从而带动车轮转动。

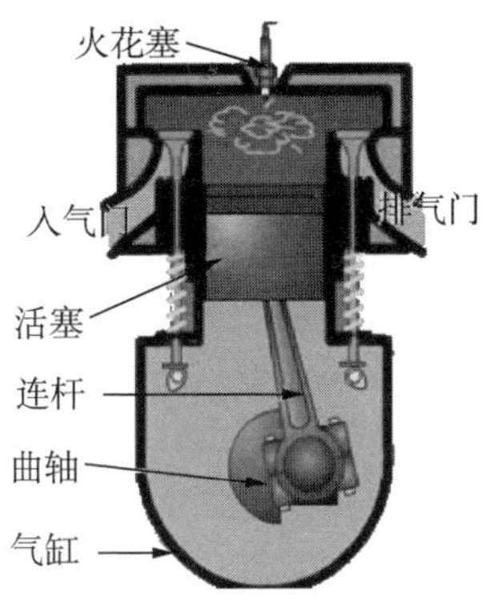

图 1.1.5　内燃机的构造

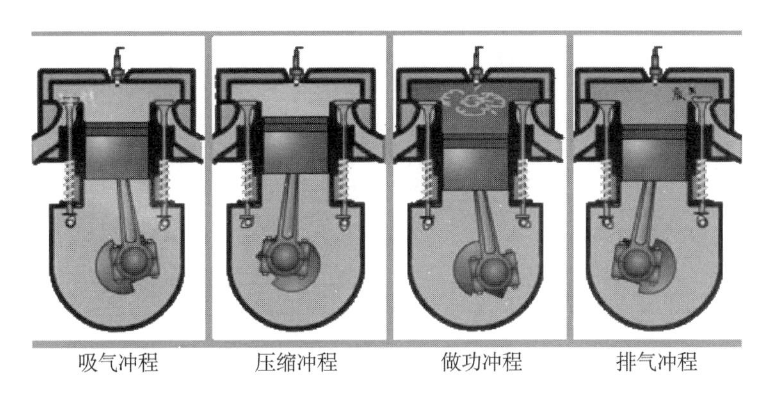

图 1.1.6　内燃机的四冲程示意图

其中，点火这一动作必须在汽缸的活塞把汽油蒸气压缩到汽缸另一端底处时才能实施。同时，所有的机械也与之协调动作。当汽油的质量不好时，汽油蒸气在活塞只压到一半时就自己点火，把本来应该继续向前的活塞硬推回去，会造成机械装置的严重不协调。此时汽车的发动机产生震动，发出猛烈的金属敲击声，与此同时一部分燃料因不完全燃烧而排出黑烟。如果这时你正好坐在车中，就会被吓一跳，这就是所谓的“爆震”现象。产生爆震现象的直接原因是汽油中自燃点低的烃类化合物在汽缸的温度下，极易形成烃类化合物的过氧化物，而这种过氧化物会分解出自由基，从而引发爆震。因此，自燃点低的组分越多，越容易发生爆震现象，也可以说汽油的质量越差。

化学家和工程师们经过反复试验，了解到化学物质的结构决定了它们的自燃点高低。按自燃点从低到高的顺序如下：

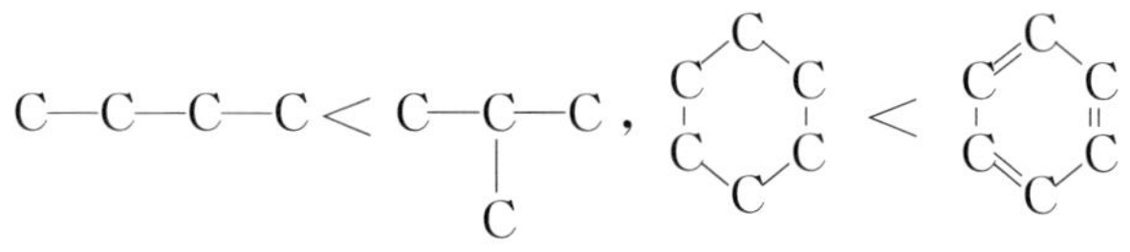

C—C—C—C < C—C(—C)—C，环状 C₆ < 苯环 C₆

（直链烃）　（支链烃）　（环烷烃）　（芳香烃）

链接：芳香烃

芳香烃是指芳香族化合物中的烃类化合物。芳香族化合物最早是指含有苯环的化合物，这是因为化学家们在研究天然芳香物质时发现其芳香的精华物质都含有苯环，如香豆素、桂皮醛等。于是认为含苯环的化合物都具有芳香气味，于是得名“aromatic compound”，中文译成“芳香族化合物”。

之后发现带苯环的化合物不一定都为芳香，有的甚至带有恶臭。而芳香的物质也不都带有苯环，如酯类化合物。

苯是典型的芳香族有机化合物，分子式为 C_6H_6，结构式如下：

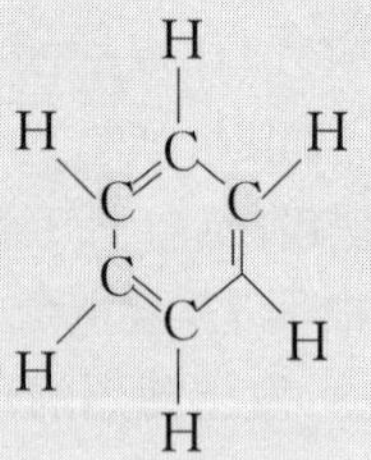

（苯）

现在芳香族化合物已成为一类物质的名称，泛指含有苯环的化合物。

简单的芳香族化合物的命名通常以苯环为母体，如甲苯和硝基苯：

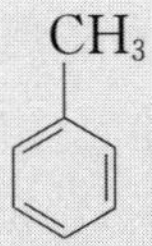

CH_3　　　　NO_2

（甲苯） 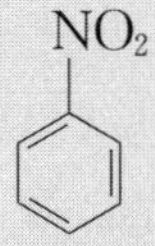　　　　（硝基苯）

但也有例外，如苯乙烯：

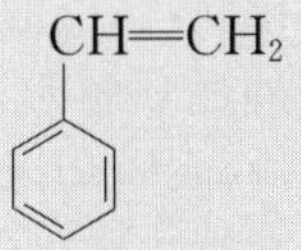

$CH{=}CH_2$

（苯乙烯）

当苯环上有多个取代基时，用苯环上的碳原子编号来表示取代基的位置，如1,3,-二甲基苯：

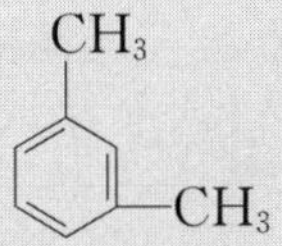

CH_3

CH_3

（1,3,-二甲基苯）

也可以用对、间、邻来命名，如对二甲苯、间二甲苯、邻二甲苯：

CH_3　　CH_3　　CH_3 CH_3

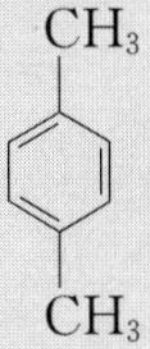

CH_3　　CH_3

（对二甲苯） 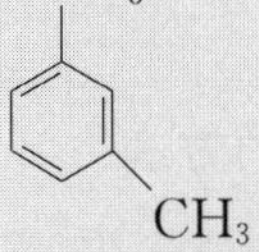　（间二甲苯） 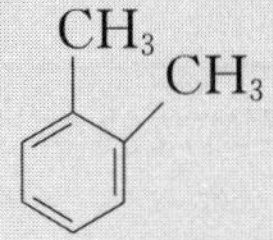　（邻二甲苯）

如果汽油中直链烃多，肯定质量就差；如果支链烃或者芳香烃多，那么汽油的质量就好。为了比较汽油的质量，就必须把汽油中的所有组分全都定性、定量分析清楚，这几乎不可能做到。科学家们采用相对比较法可以轻而易举地完成比较。他们人为地设定一个基准值——“辛烷值”，并以辛烷值的大小去相对比较汽油质量的好坏。所谓辛烷值，就是人为设定自燃点低的正庚烷（223℃）的辛烷值为零，自燃点高的异辛烷（418℃）的辛烷值为100。将被测汽油与这两种物质配制而成的混合溶液同时放在一台机械上进行试验，若被测汽油与某一溶液的抗爆性能一致，则该汽油的辛烷值即为该混合溶液中异辛烷的百分数。如某汽油的抗爆性能与40％的正庚烷和60％的异辛烷的混合溶液相同，该汽油的辛烷值就是60。

可见，辛烷值越高，汽油的质量就越好。市场上出售的汽油，其牌号就是辛烷值，如90号汽油，它的辛烷值就是90。

小品：100号汽油助空战胜利

汽油的辛烷值不仅表示其抗爆性能，也意味着整个发动机性能的好坏。“二战”文献中就有这样一段记录：“1940年5月第二次世界大战时，法国和德国在进行空中决战时，因为使用83号汽油而大败于德国，损失了几百架战机。时隔两个月，英国使用美国环球公司的100号汽油，结果使德国人损失了1 733架战机。”我们并不是维武器论者，说汽油好就一定打胜仗。然而，这两次空战仅时隔两个月，其他因素改变不多，汽油的质量的确起到不可小视的作用。

1.1.3 提高汽油辛烷值的方法

通常由常压分馏塔产出的汽油（直馏汽油）的辛烷值在55左右，显然这种汽油的抗爆性能很差，因此必须采取措施以提高汽油的辛

烷值。那么,如何来提高汽油的辛烷值呢?

这个问题涉及自然科学中又一个重要问题,那就是当需要克服一个困难或要解决一个问题时应该从哪里入手?答案是"从原因入手"。提高辛烷值的办法也必须从原因入手。前面我们已经提到汽油质量不高的两个原因,首先从第一个原因入手,如果汽油的辛烷值很低,这意味着汽油中自燃点低的组分较多,要提高辛烷值就必须从改变汽油的组分入手,也就是如何使汽油中自燃点低的烃类减少或使自燃点高的组分增加。化学家们已经查明,烃类化合物中成一条直线的直链烃自燃点最低,支链烃和环烷烃较高,带苯环的芳香烃最高。必须使用化学方法把直链烃变为支链烃、环烷烃,甚至芳香烃。这个方法就是所谓的"重整"。重整是将汽油送入高温反应器,直链烃纷纷转变为自燃点较高的组分。在重整反应器内可能会发生如图 1.1.7 所示的反应。

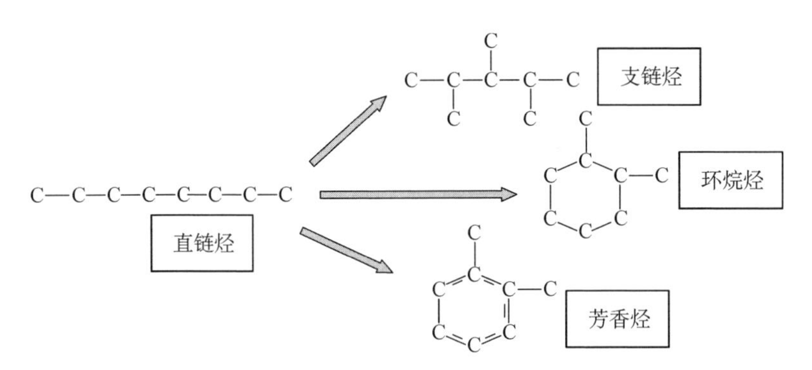

图 1.1.7 重整反应器内的反应

上述大部分反应是将自燃点低的烃类转变为自燃点高的烃类化合物,辛烷值就大大地提高了。通常重整汽油的辛烷值为 100。当然,重整汽油的成本要比直馏汽油高一些。另外,在重整反应器中很多汽油组分都断裂成为小分子,最终高辛烷值汽油的得率仅为 30%左右。为了提高汽油的得率,化学家们在反应器中加入"催化剂",想让反应按人类的意志来进行,汽油的得率大大提高。经过几代催化剂的改进,现在催化重整汽油的得率已达 80%。

我们还可以从另一个原因去寻求别的提高汽油辛烷值的方法。既然发生爆震的根本原因是自燃点低的直链烃在汽缸的温度下容易生成过氧化物，生成的过氧化物又是导致爆震的关键物质，那么，是否可以想办法不让过氧化物产生，或一旦产生即将其转变掉呢？汽油本身不可能完成这个任务，因此就必须从外界加一点东西进去。这就是所谓的“添加剂”方法。

在众多的物质中，工程技术人员找到一种十分理想的添加剂，那就是四乙基铅。原来四乙基铅在汽缸的工作温度下会分解成氧化铅，氧化铅可以将烃类的过氧化物分解成醛等有机含氧化合物，从而阻止爆震现象的发生。在汽油中加入千分之一的四乙基铅，辛烷值可以提高 13～17。质量越差的汽油，添加四乙基铅的作用越明显。例如，100%的正庚烷也落在汽油的范围内，当然它也是汽油，但其辛烷值为零。若在正庚烷中加入千分之一的四乙基铅，辛烷值就可达到 47。20 世纪五六十年代我国普遍使用的 66 号汽油，就是在直馏汽油中加入千分之一的四乙基铅制备的。值得注意的是，氧化铅是固体，留在汽缸中将会损坏汽缸。因此，在加入四乙基铅的同时，还必须加入二溴乙烷，使其与氧化铅作用生成二溴化铅。二溴化铅在汽缸的温度下是气态，这样就可以在排放废气时将其带出。

尽管四乙基铅在人类使用能源的过程中起到巨大的作用，是极为优秀的添加剂，但今天它不得不退出历史舞台。北京市率先禁用含铅汽油，紧接着上海市宣布从 1997 年 10 月 1 日起全市禁用含铅汽油。国务院也宣布，1999 年元旦起全国禁止生产含铅汽油，2000 年元旦起全国禁用含铅汽油。

为什么不能使用四乙基铅作为添加剂？原来，含铅的废气污染了人类的大气环境，因为含铅废气的比重较大，常常滞留在靠近地面的大气中。为了保护环境，铅添加剂法已寿终正寝，必须开发其他途径。

组合剂法是目前正在研究的一种有效方法。所谓组合剂法，就是在汽油中加入其他组分。例如，在汽油中加入 30%的酒精后，由于其辛烷值已超过 100，原有的方法就不能适应这类汽油，工程师们采用其他方法测定，结果发现这种酒精汽油的辛烷值为 120。改用价格

更便宜的甲醇，辛烷值居然达到了130(见表1.1.3)。

表1.1.3 组合剂的辛烷值

组合剂	甲醇	乙醇	异丙醇	叔丁醇	甲基叔丁基醚(MTBE)
辛烷值	130	120	106	108	115

我国辽宁省率先使用加入酒精的汽油。盛产煤的山西省也在探索将煤气制成CO和氢，在催化剂的帮助下合成甲醇，再加入汽油中使用。然而，由于加入组合剂的量较大，并对发动机提出了新的要求，加上成本以及甲醇有毒等问题，目前此法仍在探索和研究之中，尚未普及。但此法仍不失为制备高辛烷值汽油的一个方向。

裂化汽油可以从另外的渠道获得高辛烷值的汽油。制备裂化汽油的原本目的并不是为了辛烷值，而是为了提高汽油的产量。大家知道，从石油中分馏出来的汽油(直馏汽油)只有15%～30%左右，远远不能满足人类需求。科学家们想到把长碳链的烃类化合物，裂解成汽油组分的烃类化合物，岂不就是增加了汽油的产量？美国率先采用热裂解的方法实现了这个愿望。然而，烃类化合物的裂解，并不以人们的意志为转移，裂解的随意性很大，以致产生了大量短碳链而非汽油组分的烃类化合物，汽油的组分只占30%左右。为了提高汽油组分的选择性，同样采用加入催化剂的方法，即所谓的“催化裂化”。它使汽油的裂化选择性大大提高，从而也使汽油的产量大大提高。目前，经过好几代催化剂的改进，裂化汽油的产率已高达80%。由于裂化的条件类似于重整的反应条件，因此裂化汽油的组分中，自燃点高的组分就多一些，当然，其辛烷值也就比直馏汽油要高出许多，这就是100号汽油。

目前市场上出售的汽油是由直馏汽油、重整汽油和裂化汽油配制而成的。通常它的辛烷值在90～97之间。

1.1.4 液化石油气

与石油有关的另一种能源材料是液化石油气。石油气本来是指一个碳到4个碳(C_1—C_4)的烷烃,但生活中常讲的液化石油气是指C_3—C_4。这是因为C_1和C_2的沸点太低,液化所需压力过高,不适宜民用。所谓液化石油气,就是将本来在常温常压下是气体的C_3—C_4经压缩而成的液体,目前已普遍作为民用和车用燃料。

当你搬入新居而管道煤气一时还不能接通时,也许你会使用液化石油气进行过渡。这种液化石油气罐曾一度被人称作“压缩煤气”,其实,罐内所装并非被压缩了的煤气,而是压缩后成为液体的气态烃类化合物,主要成分为C_3(丙烷)和C_4(丁烷)的混合物。使用时只要打开阀门,C_3和C_4就会立即气化而喷出,点燃即可使用。这种液化石油气比管道煤气(主要成分为CO和H_2)有更高的燃烧热值,因此,无论是灶具还是淋浴器,在空气进量装置上有些不同,故不能通用。当家里从混合煤气转到液化气或天然气时,必须更换燃具或进行改装。

小品:摇一摇,为什么还会有气?

使用液化石油气虽然很方便,但罐内气体用完后必须及时换罐以保证继续使用。有时也会遇到尴尬的局面,例如,你炒菜尚未完成,眼睁睁地看着火焰一点点小下去,罐内所有的C_3和C_4气体似乎已经用完,真是急煞人,因为此时换气已经来不及。市民们知道一种临时解决问题的方法,他们会大力摇晃气罐,或者在气罐上浇一点热水,甚至在气罐上敷块热毛巾,于是你可以看到灶具上的火焰又慢慢地大起来,这时你尽可以把菜炒完,隔天再去换气。

这是因为现在使用的液化石油气中还含有一些C_5杂质。由于C_5在常温下是液体,其蒸气压随温度而升高。C_5蒸气同样是可燃气体,与C_3和C_4相同,也会燃烧产生热量。摇一摇可以加速C_5挥发,加温也是为了提高C_5的蒸汽压。尽管C_5数量不多,但总有一些。因此,在烧菜进行到一半突然断气时,你不妨试试这个方法,它会让你摆脱尴尬的局面。但请注意这种做法比较危险。切忌不可用明火直接加热液化气罐,更不能随便拆卸罐上的气阀,否则罐内 C_5 全部蒸发出来非常危险。

小品:打火机的“变脸”

打火机的作用是产生明火源。它由两个部分组成:一是燃料储存器,一是发火装置。打火机已经历经四代,如果1.1.8所示。

20世纪30年代第一代打火机问世,如图(a)所示。正如大家在《上海滩》中见到的那种打火机。发火装置是一个砂轮摩擦电石而打出火花,燃料则是盒内吸饱在棉花中的汽油(C_6—C_{11})。

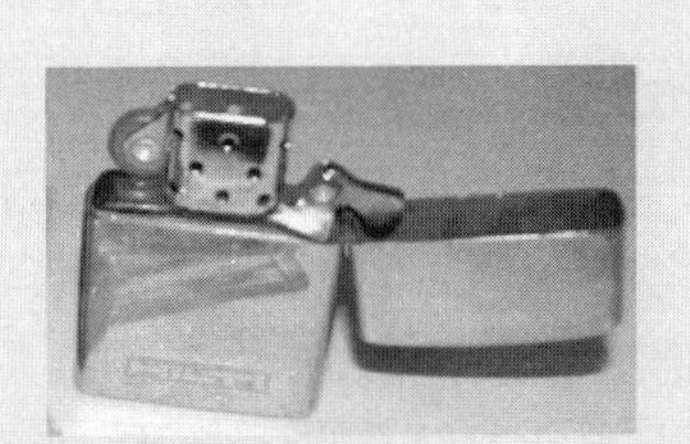
(a) 汽油打火机

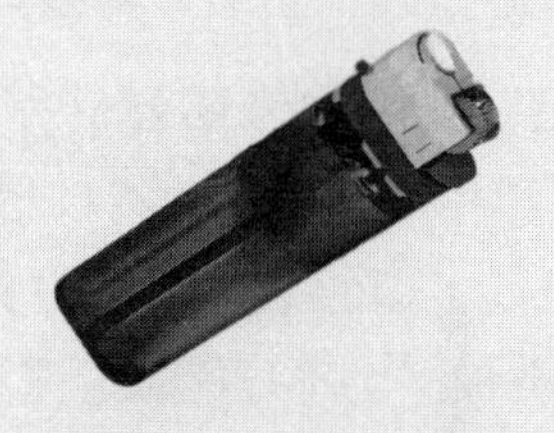
(b) 丁烷打火机

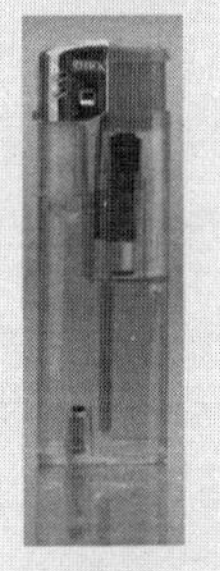
(c) 压电陶瓷打火机

(d) “Zippo 打火机”

图 1.1.8　四代打火机

第二代打火机如图(b)所示，打火装置未变，但燃料已改成丁烷(液化石油气)，外形也制成轻巧的塑料形。由于结构简单，价格低廉，使用方便，立刻风靡全球。

第三代打火机如图(c)所示，打火机的外形和燃料未变，但打火装置已改为压电陶瓷，在阀门打开的同时产生高压而发出火花。后来又有在燃气通道中加上一圈金属丝做成防风的打火机。因为烧红的金属丝在火被吹灭后仍然是发红的，燃气通过就又被点燃。

第四代打火机也许因为怀古，其外形又复古到第一代的形状，但汽油燃料却换成沸点更低的石脑油(C_5—C_7)。由于石脑油的挥发性更好，点火就更容易，同时因为碳原子数少，也就不会发生燃烧不完全的情况。第四代打火机也被称为“Zippo打火机”。

1.1.5 化学家如何应对石油的枯竭？

源自石油的液体燃料已经成为人类的主要能源，可以说人类已经完全离不开它。但是石油资源毕竟是有限的。根据联合国的统计，按目前各国的采油速度以及已经探明的石油蕴藏量来计算，地底下的石油最多也不过能被开采40年。换一句话说，40年以后人类将面临石油枯竭的局面。很难想象，人类处于没有液体燃料的日子，将会是怎样的状态？20世纪60年代，由于前苏联政府的背信弃义，突然停止供应石油，我国就曾一度陷入缺油状态。上海的工人阶级挺身而出，居然用煤气把汽车开动起来。1972年英国和中东发生政治冲突，中东中断了石油供应，伦敦街头就出现了马拉小汽车的场景。然而，21世纪的人类若遇石油缺失又该如何？科学家们比普通人更先知先觉，他们早就意识到石油迟早会枯竭，较早开展了从其他途径获得石油的研究。从战略角度，人们自然而然地想到从相对丰富的其他资源(如煤)来合成汽油。1926年费歇尔和托洛帕(弗-托)发表了“常压下由煤气化产物合成汽油”的专利。很多人认为，把像石头一样的煤变成像水一样的汽油，这可能吗？这的确是事实，他们是如何实现这个转变的呢?

原来,费歇尔和托洛帕是通过把煤气化得到 CO 和 H_2,再用催化剂将其合成为汽油。前一个反应实际上就是水煤气反应,后一个反应称为费-托反应。第二次世界大战时,德国人曾利用这个专利在全世界范围内建立了 11 个由煤来制备汽油的工厂。但是从 20 世纪 50 年代起,中东大量油田的发现使油价大跌,由煤制备汽油的价格无法与之竞争。于是这些由煤来制备汽油的工厂纷纷倒闭,而费-托反应的研究也几乎销声匿迹。20 世纪 70 年代英国和中东地区的政治冲突,引发了石油危机。以美国为首的一些科学家又重新开始费-托合成的研究。当然,历史决不会是简单的重复,70 年代后期的这项研究被称作“一碳化学”(C1 chemistry)。这意味着从一个碳的原料出发(如一氧化碳),去合成原来必须从石油才能得到的所有化工原料。

§1.2 核能

1.2.1 同位素和放射性元素

如图 1.2.1 所示化学元素由原子核和核外的电子构成,原子核由带正电荷的质子和中性的中子构成,中子和质子的质量相同。元素的性质取决于核内的质子数,原子质量则是核内质子和中子质量之和。自然界中存在同一个元素因核内中子数不同而出现原子质量不同的各种同位素,也就是说,虽然在元素周期表上是同一个位置,但原子质量却不同。在各种同位素中,有

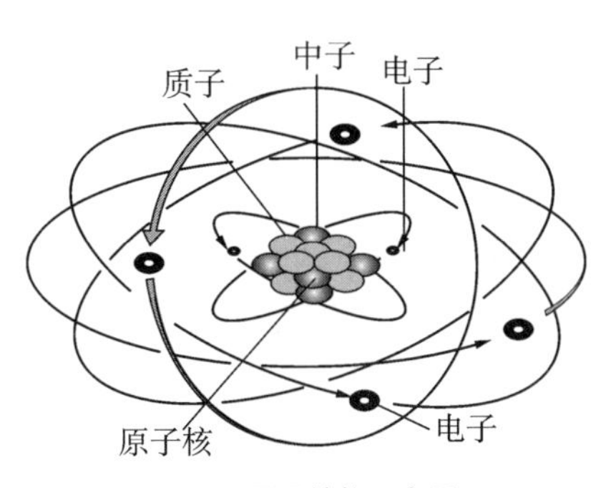

图 1.2.1 原子结构示意图

一个同位素的数量占有绝对高的比例，称作最丰同位素。例如，氢元素的3种同位素如下：

氕(pie)	氘(dao)	氚(chuan)
${}^{1}_{1}H$	${}^{2}_{1}H$	${}^{3}_{1}H$
氢(H)	重氢(D)	超重氢(T)

其中H的丰度为99.98%，所以H为氢元素的最丰同位素。

再如，作为核燃料的铀-235也是铀的同位素之一：

U-238(99.28%)　　U-235(0.714%)　　U-234(0.006%)

由此可见，U-238是最丰同位素。为区别不同的同位素，除氢的同位素有不同的名称外，其他同位素采用在元素名称后加上它的质量数来表示。如铀-235就是指质量数为235的铀元素。人工同位素是指自然界不存在、须由反应堆或回旋加速器等方法合成的元素或同位素，如碘-131。化学元素中有一些元素会自动发射出放射线后变成别的元素，这就是放射性元素，这一过程称为放射性衰变。放射性物质以波或微粒形式发射出的能量就叫核辐射。

小品：谁在密封的底片上拍了照？

1896年的一天，贝克勒把一叠包得很好的底片放在抽屉里。他在冲洗底片时拿错了一包，竟把一包尚未用过的新底片拿去冲洗。奇怪的是，冲洗出来一看，却是一把钥匙。他从来没有拍过钥匙，哪来的钥匙图像？贝克勒百思不得其解！

贝克勒仔细回忆，这几天什么时候用过钥匙？他想起来那天他用钥匙锁好旁边的抽屉时，顺手把钥匙扔在桌子中间的抽屉里，这个抽屉放着一包没用过的底片，钥匙正好落在底片上面。底片是用黑纸包得好好的，为什么会出现钥匙的影子呢？贝克勒

顺着蛛丝马迹寻找,查明当时桌子上只有一个装着黄色结晶体的瓶子。

贝克勒经过反复研究,终于揭开谜底:原来,那瓶黄色的结晶体会不断放射出一种看不见的射线,这种射线会穿透木头、黑纸而使底片感光。

这种看不见的射线,叫做放射性射线。黄色的结晶体里含有一种放射性元素铀、黄色的结晶体是硫酸双氧铀钾(硫酸铀酰钾)。

有一次,贝克勒要出去做关于放射性元素的演讲,顺手拿了一瓶铀盐插在裤袋里。演讲结束后,贝克勒感到皮肤很疼,一看原来是大腿上的皮肤被放射性射线严重灼伤。

摘自《化学趣史》(叶永烈)

1.2.2 原子核的反应能产生能量吗?

如果人为地让核发生反应,会不会使元素变成其他元素呢?在元素核的变化中会不会产生能量呢?科学家们的这种疑问就是科学发展的推动力。20 世纪 30 年代,以爱因斯坦为代表的核物理学家们首先从理论上确立从大核裂变和小核聚变的核反应中可以获取极大的能量。1938 年德国物理学家哈恩在实验室中首次实现用中子使原子质量为 235 的铀核发生裂变,一个铀- 235 裂变成两个中等质量的原子核,同时又生成更多的中子以使反应连续不断地进行。例如,用中子和铀- 235 接触,就会发生如下可能的反应:

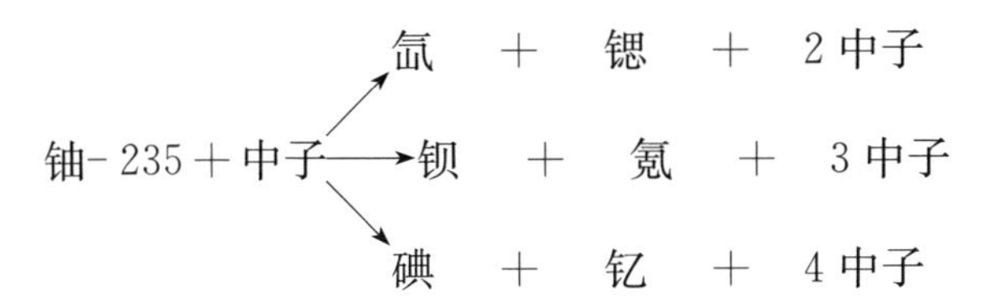

核结构发生变化时放出的能量称为原子核能,简称原子能或核

能。它比化学能大几百万倍到几千万倍。每一个铀-235的核在裂变时能放出约200兆电子伏的能量,1千克铀-235全部裂变时,产生的原子能相当于2 500吨左右优质煤燃烧时放出的能量。后来科学家们又实现轻核的聚变,轻核聚变时放出的能量更大。氢弹就是根据核聚变原理制成的核武器。

1.2.3 铀-235的浓缩

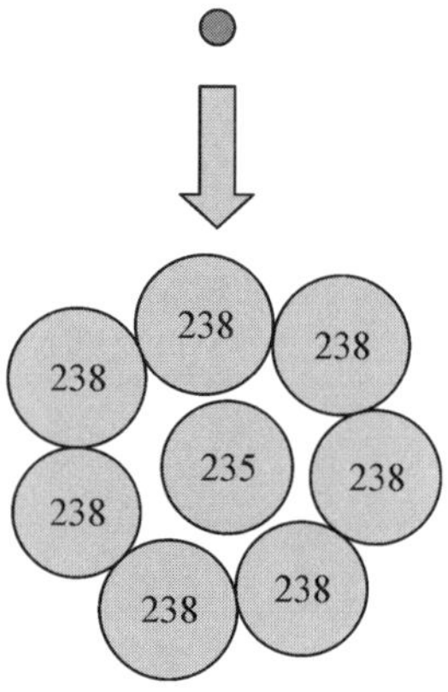

对于铀元素而言,铀-235在铀元素中只占0.74%,铀-238要占99%以上,由于只有铀-235和中子才能发生裂变反应,因此,当中子打在铀元素上,并不会与铀-235相遇,裂变反应不会发生。铀-235几乎全被铀-238包围,如图1.2.2所示。

238
238
238
235
238
238
238
238

图1.2.2 U-235和U-238分布示意图

为了能让中子与铀-235相遇,就必须提高铀-235的浓度,就是要在铀元素中将铀-235浓缩。铀-235和铀-238是同一个元素,任何化学方法不能分离它们,它们的物理性质也主要是原子质量在两百多的基础上相差3。这就好像两个双胞胎几乎所有的性能特征都相同,只是其中一个的体重与另一个相比重1斤。如果不能使用称重的方法,有什么区分它们的办法吗?可以试试让他们跑马拉松,42 km的路程跑下来,体重稍重的孩子会落在后面。原来体重重的,消耗多,跑步的距离长了,两个不同体重孩子的差异就体现出来了。化学家们也可以让铀-235和铀-238"跑马拉松"来达到将它们分离的目的。化学物质如何跑马拉松?因为只有气体才具有扩散性能,必须先把铀制成气态化合物六氟化铀,然后再让它们在一根特长的管子内进行扩散。扩散定律告诉我们,气体扩散的速度与气体的质量成反比。用这样的方法,可以将铀-235的浓度提高。反复操作,就能将其浓度不断提高。此外,离心力也和气体的质量有关,用离心机的方法也能将它们分离浓缩。目前,浓缩铀的方法就是这两种方法。激光分离法是正在开发的新技术。

1.2.4 核能开发和核武器

由于裂变反应会产生更多的中子,一个变两个,两个变四个,形成雪崩式的链反应,瞬间会把所有的能量都释放出来。当时正是"二战"期间,立刻就有科学家想到利用裂变反应可以制造核武器。当时的美国总统罗斯福拨出20亿美金实施了"曼哈顿工程",历时3年造出3颗原子弹,除了"小玩意儿"在美国进行核爆试验外,其余两颗("胖子"及"小男孩")分别丢在日本的广岛和长崎(见图1.2.3)。

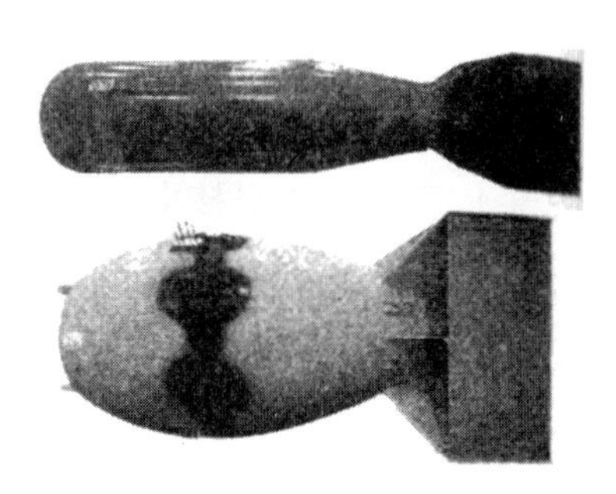

图1.2.3 投掷在日本长崎、广岛的两颗原子弹及爆炸后腾起的蘑菇云

链接:世界各国核试验时间表

表1.2.1 世界各国核试验时间

国家	美国	前苏联	英国	法国
核试验时间	1945年7月16日	1949年8月23日	1952年10月3日	1960后10月25日
国家	中国	印度	巴基斯坦	朝鲜
核试验时间	1964年10月16日	1974年5月18日	1998年5月28日	2006年10月9日

1.2.5　和平利用核能

“二战”结束之后，科学家们用镉棒技术去吸收多余的中子，如图1.2.4所示，若发现反应愈来愈剧烈，可将镉棒插入多一点，多吸收一些中子；若反应愈来愈慢，就把镉棒拔出一点，少吸收一些中子。这样就可以使裂变反应既能连续进行，又不会形成雪崩式的链反应，就有了和平利用核能的可能。1954年6月苏联建成了第一座核电站。

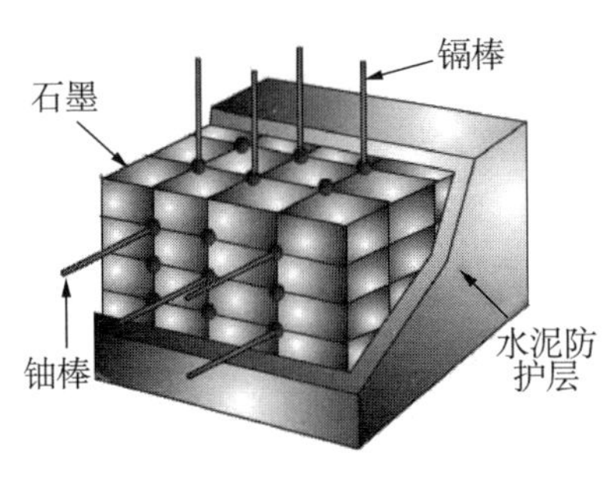

图1.2.4　反应堆示意图

中国现有4座核电站，分别是上海的秦山（杭州湾）核电站（1991年）、广东的大亚湾核电站（1994年）、广东的岭澳核电站（2003年）、连云港的田湾核电站（2004年）。

全世界共有400多座核电站，各国的核电比例如下：法国（80%）、日本（30%）、美国（21%）、我国（2%）。

1.2.6　新的核燃料

在核反应堆的反应过程中，特别是在使用天然铀作为核燃料的重水反应堆中，铀-238会吸收中子而转变为钚-239。与铀-235一样，钚-239遇到中子就会发生裂变反应，从而释放出巨大能量。由于铀-238数量较多，得到核燃料就更有现实意义。如图1.2.5所示的示意图可以让你了解钚-239是如何形成的。

铀-238在吸收一个中子后，质子数增加变为铀-239，同时释放出电子流β射线（电子是由一个中子变为质子时释放出来的），所以可以理解为铀-238实际上吸收了一个质子而变成镎-239。镎-239也是放射性元素，释放出β射线时核内又有一个中子转变成质子，质量没有变化，但元素序号增加1号，形成钚-239。据说美国当年投放在长崎的原子弹就是由钚-239制成的。目前世界上很多核电站也

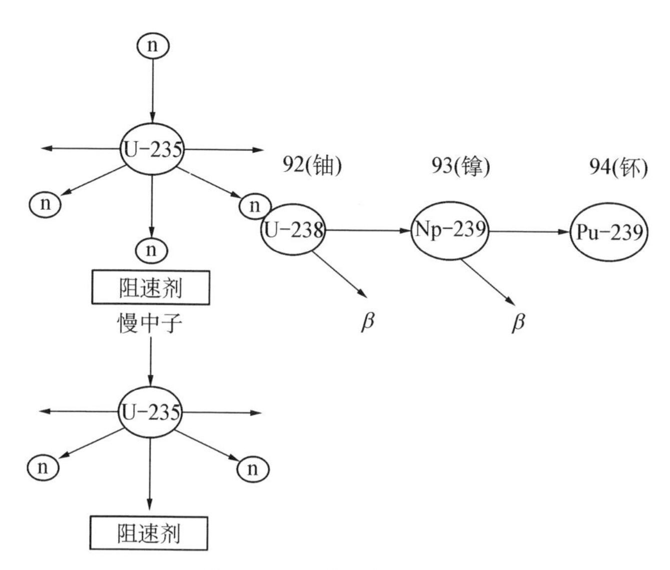

图 1.2.5　重水反应堆示意图

使用这种燃料。

1.2.7　核电事故

核能虽然可以向人类提供大量能量，但一旦发生事故也非常可怕。世界上曾发生过几起较为严重的核电事故。

核电事故共分为 7 个级别，级别越高，危害越大。具体评定标准如图 1.2.6 所示。

1. 三里岛事故

1979 年 3 月 28 日凌晨 4 时，美国宾夕法尼亚州的三里岛核电站第 2 组反应堆的操作室里，红灯闪亮，汽笛报警，涡轮机停转，堆心压力和温度骤然升高，2 小时后大量放射性物质溢出。在三里岛事件中，从最初清洗设备的工作人员的过失开始，到反应堆彻底毁坏，整个过程只用了 120 秒。100 吨铀燃料虽然没有熔化，但有 60％的铀棒受到损坏，反应堆最终陷于瘫痪。此事故为核事故的第 5 级。事故对核电厂附近 80 千米以内的公众每人的剂量影响，平均不到一年

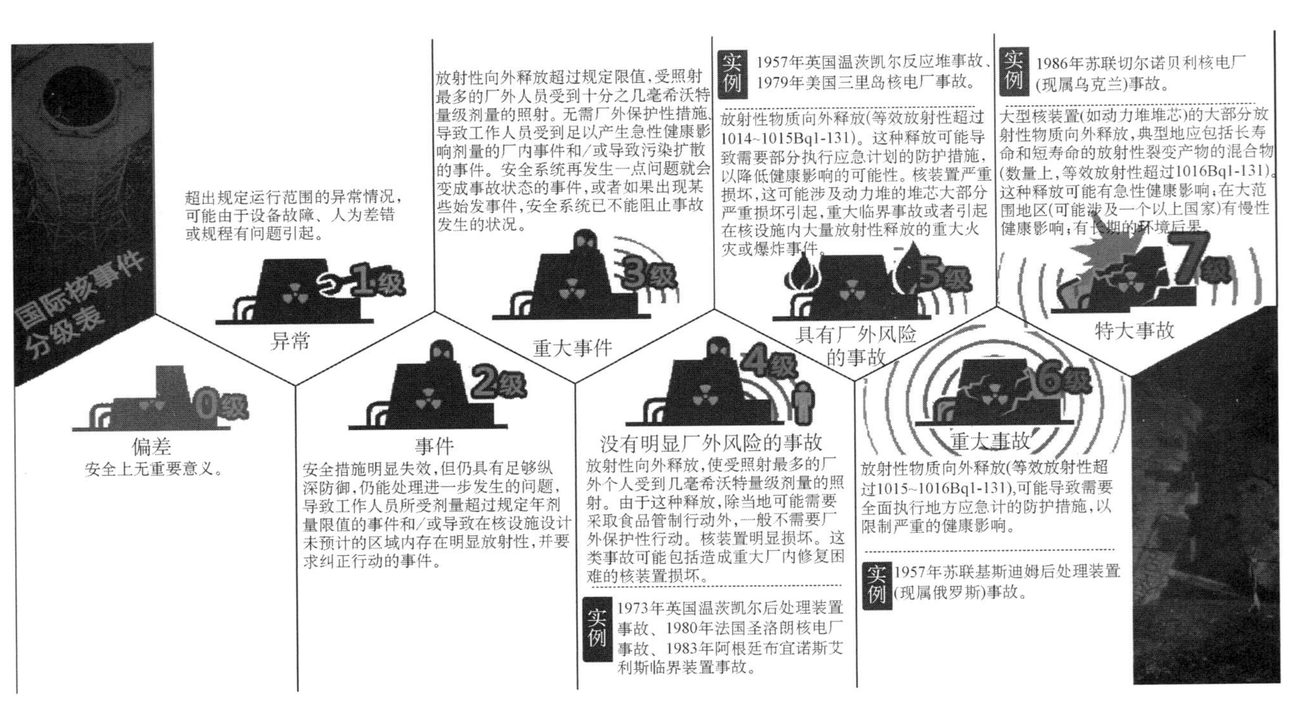

图 1.2.6 核电事故的 7 个分级标准

内天然本底的1%,因此,三里岛事故对环境的影响极小。

2. 切尔诺贝利事故

1986年苏联的切尔诺贝利核电站发生严重核爆炸事故。切尔诺贝利位于乌克兰北部,它是原苏联时期在乌克兰境内修建的第一座核电站。切尔诺贝利曾经是苏联人民的骄傲,被认为是世界上最安全、最可靠的核电站。但1986年4月26日的一声巨响彻底打破这一神话。核电站的第4号核反应堆在进行半烘烤实验中突然发生失火,引起爆炸。据估算,核泄漏事故后产生的放射污染相当于日本广岛原子弹爆炸产生的放射污染的100倍。爆炸使机组完全损坏,超过8吨的强辐射物质泄露,尘埃随风飘散,致使俄罗斯、白俄罗斯和乌克兰等许多地区遭到核辐射污染。

国际原子能机构于2006年4月18日发表报告称,切尔诺贝利核事故导致27万人身患癌症,因此而死亡的人数达9.3万。

核电站周围半径30千米的地区被辟为隔离区,严格限制人员进入。事故发生后,为防止核电站内核原料和放射性物质再次泄漏,政府对发生爆炸的第4号机组用钢筋混凝土掩体进行了封闭(俗称"水泥棺"),并于2000年12月彻底关闭了切尔诺贝利核电站,50年之后待放射性减弱后才再进一步处理。

3. 福岛核事故

2011年3月11日,日本发生9级地震,地震引发海啸,造成沿海建筑物的大量损毁以及人员伤亡,同时也破坏了福岛核电站的设备,引发了核泄漏事故。虽然工作人员及时停运了反应堆,但是因为核燃料有自衰变余热,如果长时间得不到冷却,也会使得堆芯达到上千度的温度,并导致核燃料棒融化,然后是烧穿外层保护的钢壳、混凝土结构等,造成核泄漏。余热冷却系统的泵所需的电力需要从外部输入。一般情况会准备多路外电网输入,同时每台机组一般有两台应急柴油发电机供电,但在这次强烈地震后,日本福岛第一核电厂的外电网全部瘫痪,自身的应急柴油发电机在运行1小时后,也因海啸的袭击而全部丧失功能,这就导致失去所有外部电源,堆芯失去强制冷却手段。

祸不单行的是，核燃料棒包壳中有一种叫锆的金属元素。它具有低的热中子吸收截面，是防止反应堆放射性裂变产物向外逸出的首道屏障。但问题是锆在高温下，会与水蒸气产生剧烈的化学反应，锆将水分解为氢和氧，于是产生大量的氢气，同时伴随着放热。福岛反应堆的排氢系统已经没有能源供应或者已经在地震中损毁，无法正常工作，最终引发悲剧。

图 1.2.7　放射线标识

最初福岛核事故被评为 4 级，随着核扩散加剧升至 6 级，最后确认为 7 级。

1.2.8　理性对待核辐射

凡是在有放射线的地方都会有如图 1.2.7 所示的专门的标识，所以当你看到这个标识时就要引起注意，就要意识到附近有放射性物质。

链接：放射性物品的分级

按照国际原子能机构有关规定，对于非密封源，放射源从高到低分为 5 类：

Ⅰ类最高为极高危险源，无防护下接触这类源几分钟到 1 小时就可死亡；

Ⅱ类为高危险源，几小时至几天可致死；

Ⅲ类为危险源，几天至几周可致人死亡；

Ⅳ类为低危险源，基本不会造成永久损伤，只对长期近距离接触者造成可恢复损伤；

Ⅴ类为极低危险源，不会造成永久损伤。

所有放射源及其场所都要有相关标识。

了解核辐射强弱时，放射性强度是用来衡量射线强度的单位。

在国际单位制中，放射性强度是指1秒钟内发生一次核衰变所释放的能量，单位用贝克勒尔(Becquerel)表示，简称贝克，符号为Bq。

射线对人体的伤害需要考虑射线被人体吸收了多少，所以生物物理学提出了“辐射吸收”的概念。新闻中常提到的“希弗”就是等效剂量的单位。所谓等效剂量就是单位质量人体组织或器官的吸收剂量与射质因数的乘积，以希弗(Sievert, Sv)表示。1希弗相当于1焦耳/千克。

1希弗＝1 000毫希弗，1毫希弗＝1 000微希弗，1微希弗＝1 000纳希弗

图1.2.8给出辐射剂量对人体的影响。当辐射吸收小于100毫希弗时，不会对人体造成严重的伤害。例如，在福岛核电站事故中由大气环流飘到我国的核污染，是微乎其微的。当时我国东南沿海地

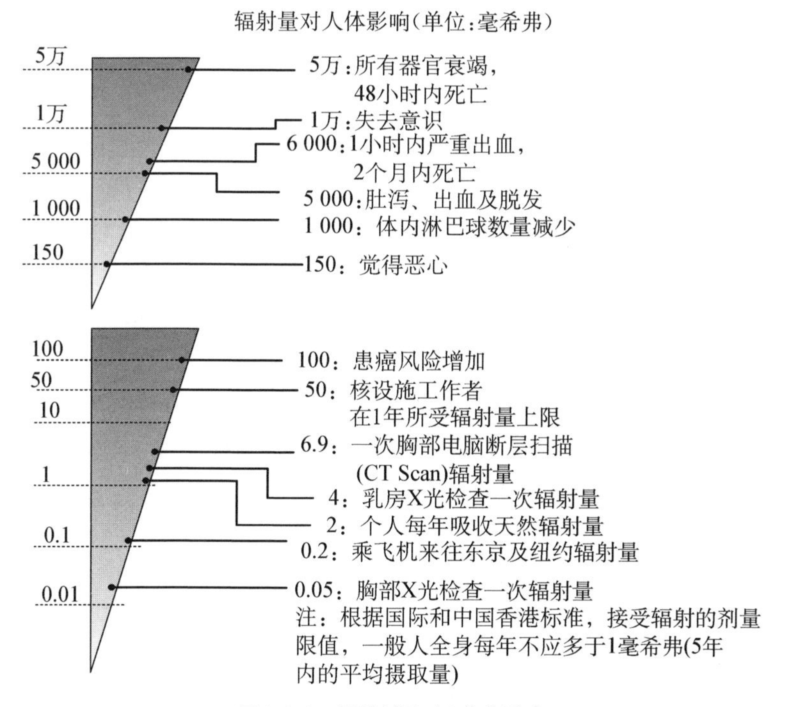

图1.2.8 辐射剂量对人体的影响

区检测的气溶胶中发现含有碘-131的放射性浓度低于10^{-4}贝克/立方米量级，其附加辐射剂量小于天然本底辐射剂量的十万分之一。这样的情况无需忧虑，更谈不上防护辐射。全球每个人平均1年接受的来自环境中的辐射剂量为2.4毫希弗，不会对身体造成不良影响。

在核电事故的放射性元素中，碘-131是最容易扩散而造成环境污染的。它能发射β射线，可杀伤一部分甲状腺细胞，使甲状腺缩小，导致甲状腺合成的甲状腺激素减少。稳定性的碘（碘-127）是人体需要的合成甲状腺激素的原料，它同样也会被人体吸收。为了防止核裂变后产生的碘-131这种放射性碘被人体吸收进入甲状腺中成为放射源，可以事先服用碘片使得甲状腺中的碘预先达到饱和，放射性的碘-131就无法再被吸收。

碘-131的半衰期很短，只有8天，很快就变得微乎其微。福岛核电事故期间，我国北京、天津等地曾检出菠菜上有碘-131，这是因雨水而造成的。检测出的碘-131，一般为1～3贝克每千克，这个量极其微小。要吃2 000多千克这样的菠菜，才相当于拍一次胸片的剂量；要吃190多千克这样的菠菜，才相当于自然界本底辐射照射一天的量，所以公众根本不必恐慌，要知道这对健康毫无影响。吃菜的时候只要注意清洗，清洗后辐射物基本上可以完全消除，清洗一遍能够消除约50%的辐射物，清洗2到3遍基本上就可以完全清除。

1.2.9　如何防止核辐射

1. 保持距离

避免核污染最有效的方法是保持距离。因为辐射量与距离的平方成反比，当辐射量为2.2毫希弗时，1米外的辐射量就锐减为0.55毫希弗。所以远离污染地区是最好的办法。

2. 采取有效措施

（1）穿戴帽子、眼镜、雨衣、雨伞、手套和靴子等。

（2）关闭窗户、通风口、空调和换气扇。

（3）进入污染严重的地区时，要对五官严防死守，如用毛巾等捂住口鼻。回家彻底洗一次澡。

第2篇
粮　食

农业活动出现在 12 000 年之前，当时全球人口仅 1 500 万。到 1850 年全球人口增为 10 亿，1970 年猛增至 50 亿。20 世纪尚未结束人口就已突破 60 亿，现今已近 70 亿。随着人口的猛增，人类拥有的可耕地面积却在急剧减少。中国的情况尤为严重，人口占全球总人口的 21%，可耕地面积只占全球可耕地面积的 11%。联合国官方数据表明，1983 年全球有 2 000 万人（占总人口的 0.5%）因饥饿而死亡，更有 5 亿人（占总人口的 12%）处于严重营养不良。据 2005 年报载，全球仍然每天有 2 万人饿死。消除饥饿成为全球的责任和难题，这个难题呼唤科学给予可供选择的知识领域和解决方案。面对这一危机，化学学科首当其冲，这是因为化学能够有效地提供增加食物的方法，如提供化肥和农药，它们能够确保在有限的土地上提高单位面积的产量。

§2.1 化学氮肥

农作物的生长需要从土壤中吸收多种养分，其中以氮、磷、钾 3 种元素最为重要，需要量也是最大，故被称为“肥料三大要素”。氮是植物体内蛋白质的重要成分，吸收适量氮肥能使枝叶茂盛，叶片增大，促进叶绿素的形成，从而有利于光合作用，可以提高农作物的产量。由于植物长年累月地从土地里吸取养分，土地中的自然肥会消耗殆尽，因此必须不断地向土地施肥。

众所周知，空气中有取之不尽的氮气，但是除少数豆类植物和三叶草以外，作物一般没有能力直接从空气中吸收氮气作为氮素营养，植物所需的营养是靠植物根部从土壤中吸取的，为此农业耕种的要素之一就是要不断地向土壤施肥。传统的方法是施用农家肥。所谓农家肥，实际上就是人和牲畜的粪便。这种肥料有两个缺点：其一农家肥中真正的氮肥含量很低，因此需要大量泼施；其二由此会带来对环境的污染。化学家们早就希望能有一种化学物质来取代农家肥，

这种化学物质必须符合以下几个条件：

(1) 这是一种简单的化合物，易于合成；

(2) 原料丰富，价格低廉；

(3) 此物的含氮量要高；

(4) 这种化合物必须有极好的水溶性。

根据这 4 个条件，几乎全世界的化学家们很快将目光聚焦在化合物“氨”上。氨是十分简单的带有臭味的化合物，理论上由氢和氮即可合成。氮气取之不尽、用之不竭，氢气的来源也十分丰富、容易得到。再加上氨在水中有极大的溶解度，在 0℃时一个体积的水可以吸收 1 200 体积的氨，在 20℃时也可吸收 700 体积的氨。氨最为突出的优点则是氨分子中含氮量达到 82%以上。这些都表明氨是极为理想的化学氮肥。

2.1.1　此路不通，绕道走

在实验室里化学家们使尽浑身解数，却全以失败而告终。他们是多么希望在实验室里能够闻到一点臭味，因为只要有臭味就意味着氨被合成。为什么这么简单的一个化合物会这样难以合成？原来，任何一个化学反应都是一个破旧立新的过程——破断老的化学键，建立新的化学键。在氮和氢的反应中，破除氢分子的单重键没有问题，但是要破除氮分子的三重键就没有那么简单，它需要极高的能量，化学家们无法提供这么高的能量，所以就合成不了氨。化学反应中所需的这种能量，称为反应所需的活化能，如图 2.1.1 所示。

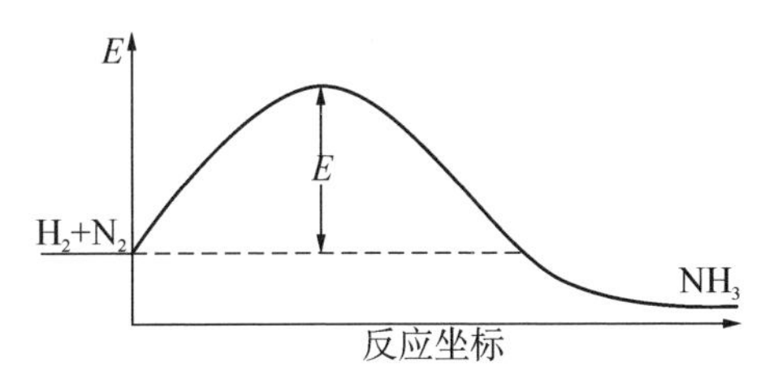

图 2.1.1　合成氨位能示意图

正如我们需要从 *A* 地到 *B* 地的路上有座难以跨越的高山，我们只能绕道走一样，1910 年德国化学家哈伯尔使用“绕道走”的方法成

功地将氢和氮合成了氨。在他的方法中采用了一种被称为“催化剂”的 αFe,帮助氨的合成成功实现。由于催化剂的存在,反应改变了原有的途径,大大地降低了反应所需的活化能(见图 2.1.2)

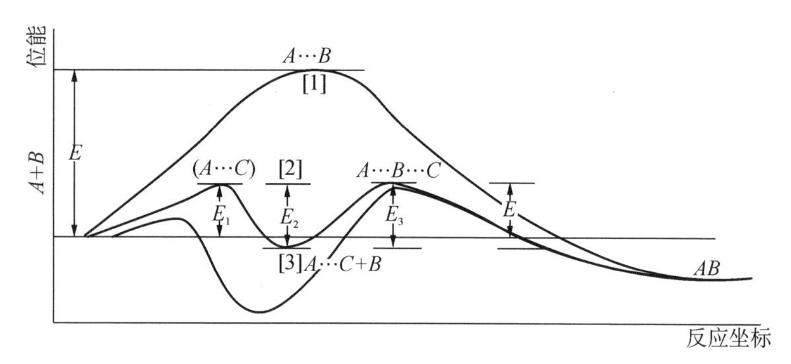

图 2.1.2　改变反应途径的示意图

图 2.1.2 中途径 1 不能实现,就采用催化剂走 2 或 3 的途径即可达到目的。由此可见,改变反应途径是手段,其实质是大大降低反应所需的活化能。

2.1.2　农民们终于满意了

将氨溶解于水中,得到的氨水就可作为化肥使用。农民们使用氨水作为肥料之后粮食成倍增长,发明合成氨的哈伯为此而得到 1918 年诺贝尔化学奖。

然而,氨具有挥发性和刺激性,气温太高或风太大会造成氨的挥发和流失。氨的使用浓度也不能太高,否则会伤及植物的茎叶,更不能直接浇在植物的茎叶上,这就使农业的操作复杂化。于是化学家们就将氨制成各种铵盐,如硫酸铵、氯化铵、硝酸铵、碳酸氢铵等,这些铵盐都是可溶性的晶体,配成溶液后就可随意洒入农田,使用起来方便多了。农民们更是创造性地直接将铵盐洒在农田里,遇到潮湿的土壤铵盐就会溶解,农民们戏称这些铵盐为“肥田粉”。没多久农民们又有意见了,原来这些铵盐被植物吸收后,其酸根全都留在土壤里,造成土壤的酸化和板化。也就是说,肥田粉虽有肥效,操作又方便，但却有后遗症，伤害了农民的命根子——土地。化学家们还得努力，必须使农民们满意才算尽到自己的社会责任。于是就有了尿素的出现，化学家们将氨和二氧化碳在高压下进行反应就得到易溶于水的晶体物质——尿素：

$$\begin{array}{c} NH_2-\underset{\displaystyle O}{\overset{}{\underset{\|}{C}}}-NH_2 \end{array}$$

（尿素）

综观尿素的性质，作为化学氮肥，它有如下优点：

（1）尿素的原料就是氨，合成的条件也不困难，只要有氨就能合成尿素。

（2）尿素易溶于水，农业操作十分方便。

（3）尿素在各种化学合成的氮肥中含氮量是最高的(见表2.1.1)。

表 2.1.1　各种合成化学氮肥的含氮量

化学氮肥名称	尿素	硫酸铵	氯化铵	硝酸铵	碳酸氢铵
含氮量/%	46.65	21.21	26.10	35.00	17.72

含氮量意味着氮肥肥分的高低，含氮量愈高，肥分也愈高，同样重的化肥，其肥效就高。1千克尿素的含氮量几乎分别等于2.2千克的硫酸铵，1.3千克的硝酸铵，1.8千克的氯化铵及2.6千克的碳酸氢铵。

（4）尿素是中性的，使用于各种土壤及各种农作物，不会产生对土壤有害的化学基团，长期使用不会使土壤酸化、变硬甚至板结。在土壤中，尿素水解后除含氮部分被作物吸收作为养分之外，还产生二氧化碳供作物吸收利用。至此，化学学科为农业生产所需化学氮肥的任务完成得非常完美。

小品：皮靴带来的郁郁葱葱

新西兰的一位牧民种植了大批三叶草，这片牧草长得稀稀拉拉，甚至叶黄枝枯。就在这片不景气的牧草地中，却有一小片长得特别茂盛，郁郁葱葱，煞是好看。牧民百思不得其解，同样的种子，同样的管理，为什么这一小片就长得如此之好？在科学家们的帮助下他才搞清楚其中的缘由。原来长得好的那片牧草地，有一条供旁边工厂的工人们通行的近路。这是一家生产钼矿粉的工厂，工人们的皮靴上常常沾有大量的钼矿粉，因此这片牧草地就散落有许多钼矿粉，于是这片牧草就长得特别好。原来，牧草生长过程中需要钼作为营养物质。工人们知道后，就帮助牧民在这片草地里到处走走，牧草还能长得不好吗？

2.1.3　神秘物质催化剂

合成氨的成功在很大程度上要归功于化学中的一种神秘物质——催化剂。

19世纪初化学家们发现一些金属有加速反应的作用，而自身并未发生变化，例如，金属铂可使氨发生分解，也可使一氧化碳与氧在室温时发生燃烧作用。这些金属似乎都有一种神秘的魔力使反应加速。1836年瑞典著名化学家柏采利乌斯总结了这些实验结果，首倡一个英语单词“catalysis”，提出了“催化现象”的概念，并创造另一个单词“catalyst”专指催化剂。柏采利乌斯的伟大功劳在于提出催化作用和催化剂的概念，并促进了对此现象的深入研究。使人感到十分钦佩的是，柏采利乌斯当时对催化剂所作出的定义是如此的精辟，以致人们一直沿用它来阐明催化现象。所谓催化剂，是能够提高化学反应达到平衡的速度、而在过程中不被消耗的物质；有催化剂参与的化学反应称为催化反应，催化剂加快化学反应速度的现象称为催化作用。由于这种作用是通过反应物与催化剂表面接触后发生的，因此又可称为接触催化作用。故催化剂另有别名“触媒”。

催化反应通常有下列4个特点：

(1) 催化剂参与反应，而本身又在反应后恢复到原来的化学状

态。因此可以设想,它周而复始地进行着循环过程。一方面催化剂以某种方式使反应物活化(或形成活化中间体,或使反应物发生化学变化),另一方面在反应的后继步骤中又被复原。也正是由于这一原因,在催化反应中催化剂的用量通常都很少。我们可以把催化反应画成一个循环图,如图 2.1.3 所示。

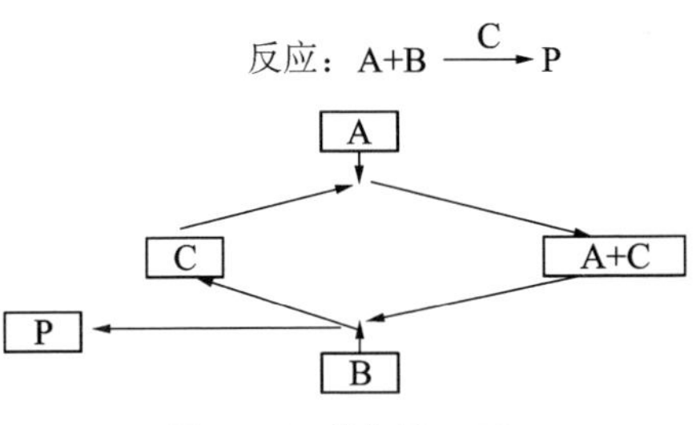

图 2.1.3 催化循环示意

(2) 催化剂只是对热力学上可能进行的化学反应进行加速,不会对热力学上不可能进行的化学反应实现催化作用。例如,常温常压又无外来功的情况下,水是不能分解为氢和氧的,因此永远不可能找到一种催化剂在这种条件下实现分解反应。

(3) 催化剂只能改变化学反应的速度,而不能改变化学平衡的位置。这是因为催化剂只是同时加速正反两个方向的反应速率,使平衡建立的时间缩短。

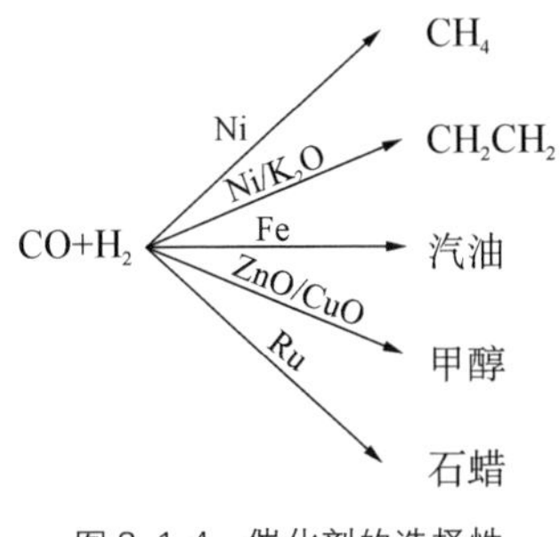

图 2.1.4 催化剂的选择性

(4) 催化剂具有敏感的选择性。对某一反应有极高催化活性的催化剂,对另一个反应可能完全没有催化性,因此利用不同的催化剂可以使反应有选择性地朝某一个所需的反应方向进行。例如,使用同一个原料,用不同的催化剂却可以得到截然不同的产物,如图 2.1.4 所示。

2.1.4 种菜不用土!

无土栽培是近几十年发展起来的一种作物栽培新技术。它不是在土壤里栽培作物,而是把作物生长所需要的营养物质溶于水中配成营养液，通过一定的栽培设施形式，在一定的栽培基质中，用这种特别配制的营养液进行作物的栽培。因为不用土壤，所以称“无土栽培”。

无土栽培有其自身的巨大优点和经济意义。几千年来，人类所进行的农业生产，都是在大自然的支配和“恩赐”下进行，完全处于“靠天吃饭”的依附地位。尽管农业生产技术和栽培条件不断提高，但仍然不能摆脱对大自然的这种依附。无土栽培技术的出现，无疑使农业生产和作物栽培得以从被动转为主动。此外，由于它摆脱了土壤栽培的种种局限，可以在不适宜于土壤栽培的地块上进行种植，从而扩大了作物的栽培领域，更能发挥让作物向自动化、工厂化发展的作用。

无土栽培的特点是以人工创造的作物根系环境取代土壤环境。这种人工创造的根系环境，不仅满足作物对矿质营养、水分、空气条件的需要，而且人工对这些条件还能加以控制和调整，借以促进作物的生长和发育，使它发挥最大的生产潜力，所以无土栽培的作物生长好、产量高、品质优良。

无土栽培中营养液的配制是关键，不同作物需要不同的营养液。它通常是在温室房中进行，以便于调节阳光、温度、湿度等植物生长的最佳状态。

§2.2 化学农药

除了人类对粮食有兴趣之外，自然界中还有许多昆虫对粮食作物的枝叶和种子有兴趣，它们在和人类争夺粮食。如果人类对此听之任之，每年就要损失15%～30%的粮食，这可不是一个小数！人类社会本来就已经缺粮，再损失这么多粮食，就会导致更多人因得不到粮食而死亡。为此，杀虫剂应运而生。从某种意义上说，农药是从杀虫剂开始的。人类最早使用的杀虫剂，不妨称作“配方式杀虫剂”。这是以自然界已有物质(包括矿石和动植物)为主的材料制成各种配方。最有名的配方式杀虫剂是波尔多液(硫酸铜加石灰水)及石灰硫磺合剂，可以看出配方中的每一个组分，都或多或少对昆虫和病菌有点杀伤力。例如，波尔多液中的石灰水是氢氧化钙，具有较强的碱性；硫酸铜本身就有杀菌作用，生活中常使用硫酸铜来达到杀菌的目的，如游泳池水中添加的硫酸铜，不仅能让水呈现漂亮的蓝色，更有杀菌作用，又如卫生间水箱中的“蓝块”等。石灰水和硫酸铜两者结合所起的作用不是简单的叠加，它要比每一个单独的组分有更强的威慑作用。这就是配方式杀虫剂的特点。波尔多液的问世，曾消灭了一场蔓延甚广的葡萄园病虫害。就是在今天，我们仍然能看到波尔多液，严冬来临之前园林工人会在一些乔木树干靠近地面的那一段涂上白色的液体，这就是波尔多液。原来树上的昆虫在严冬到来之前，都会爬下树干到土里过冬，待来年春天再爬回树上。可是涂了波尔多液之后，它们就不敢再爬上去了。

2.2.1 医生给出的建议

人们对第一代杀虫剂并不满意，首先是自然界对害虫和病菌有威慑力的材料有限，配方就更有限了。其二，这种杀虫剂的效果并不十分理想，它杀不了虫。不信你抓只苍蝇，将它摁在波尔多液里看看，苍蝇非但不死，还游泳给你看。

1939 年瑞士的一位医生缪勒尔向化学家们呼吁，能否主动地去合成一些化学物质，专门用来杀灭害虫。缪勒尔的这个建议成为化学发展历史上的一个里程碑，因为它导致合成农药的出现。有人将合成农药称为“第二代农药”。缪勒尔不仅是位医生，更是一位化学家，他建议大家试试 DDT 这个化合物去杀虫。

2.2.2 DDT 和敌敌畏

以 DDT 为代表的第一代合成农药为有机氯化合物。其化学结构式为

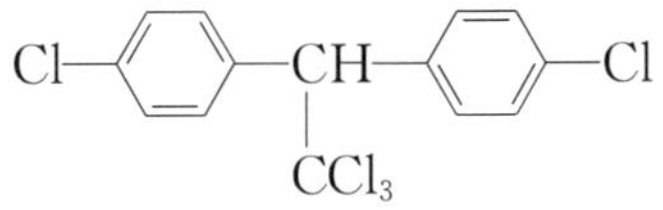

$$Cl-C_6H_4-\underset{\displaystyle CCl_3}{\underset{|}{CH}}-C_6H_4-Cl$$

（有机氯）

称它为有机氯的原因是在这个化合物中有许多氯原子。当时它的商品名称为“二氯二苯三氯乙烷”，根据英语名称的字头简称为“DDT”。

DDT 的使用曾挽救了千百万人的性命。首先，它平息了欧洲的一场由老鼠身上的跳蚤传播的大瘟疫。消灭瘟疫的关键在于消灭传播源。人抓老鼠已经很困难，还要抓老鼠身上的跳蚤，谈何容易！使用 DDT 很容易做到，只要把 DDT 洒在老鼠出没的地方，跳蚤就全死了，一场瘟疫戛然而止。为此缪勒尔还获得了诺贝尔医学奖。

DDT 还在第二次世界大战中帮了美国军队的大忙。当时美国有一部分部队在东南亚丛林里作战，士兵在埋伏时会因无法忍受小虫的叮咬而暴露目标，耽误了战机。美国国防部下令所有部队配备 DDT，所到之处首先喷洒 DDT 以防止出现上述情况。结果在第二次世界大战的数据统计中发现，美国因传染病死亡的士兵人数是所有国家中最少的，而德国因传染病死亡的士兵人数竟比战死的人数还要多。

20 世纪四五十年代，我国上海以及周边地区几乎家家必备 DDT，当时有种称作“臭虫”的小虫，身体特别扁薄，能钻在木缝或席缝，晚上趁人熟睡之际叮咬吸血，十分可恶。发现臭虫将它掐死时会闻到一股恶臭，臭虫之名因此得来。DDT 问世后，用它向木缝或席缝中喷洒，所有的臭虫就会立即爬出，此时只要用事先准备好的开水浇上去，臭虫必死无疑。正是 DDT 让臭虫绝迹，现今上海很难见到臭虫。

然而，有机氯农药的大量使用，导致了昆虫对 DDT 的抗药性，这就迫使人们不得不加大剂量。随着 DDT 的大量使用，自然界中的土壤、水域也都受到污染。我们每天喝的水中、吃的植物里都有 DDT，严重地威胁着人和牲畜的生命安全。最后，人们只能选择放弃使用，人们期待着新杀虫剂的诞生。没过多久一种令人刮目相看的新农药诞生，这就是有机磷杀虫剂。最先推出的有机磷杀虫剂是“敌敌畏”，它的化学结构式为

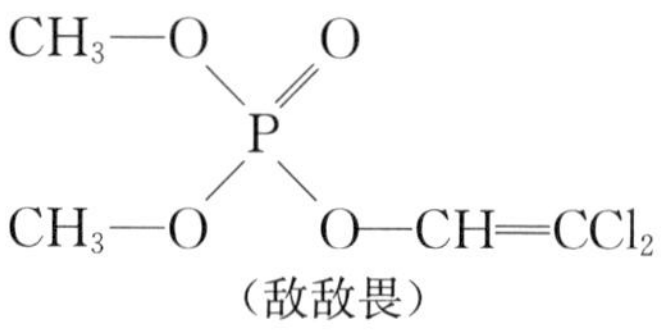

$$\begin{array}{ccccc} CH_3-O & & & O & \\ & \diagdown & & // & \\ & & P & & \\ & \diagup & & \diagdown & \\ CH_3-O & & & O-CH=CCl_2 & \end{array}$$

（敌敌畏）

可以把它理解为一个磷酸酯。

链接:酯化反应

有机化合物的反应中,酯化反应是常见的反应。酯和脂是有区别的:脂通常指自然界中的脂肪,而酯是包含脂肪在内的一类有机化合物。酯通常指有机酸和醇反应,脱去一份水然后连接在一起的产物。

有机酸又称羧酸,具有特殊的功能团羧基:

$$-C(=O)-H$$

(羧基)

例如,乙酸(又称醋酸):

$$CH_3-C(=O)-H$$

(乙酸)

羧酸和醇反应,脱去一份水得到的产物就是酯。例如:

$$CH_3-C(=O)-OH + HO-CH_2CH_3 \rightarrow CH_3-C(=O)-O-CH_2CH_3 + H_2O$$

(乙酸乙酯)

上述敌敌畏就是磷酸的三个 OH—分别和三个醇脱去三份水而形成的酯。

敌敌畏的问世，让人们见识到更有效的杀虫剂。过去点蚊香只能让蚊子远离烟区，并且只是暂时性被“击倒”，而敌敌畏却能击毙蚊子。20 世纪 60 年代上海开展群众性灭蚊工作时就使用敌敌畏。用一个盆铺上几张软纸，再倒一点敌敌畏，放在房间的中间，紧闭门窗，然后点着浸有敌敌畏的软纸后离开房间。随着纸张的燃烧，敌敌畏被蒸发汽化，一小时后就会看到屋内所有的蚊子全被击毙在地下。敌敌畏的杀虫高活性，激励了化学家们去推出更多的有机磷杀虫剂，如甲胺磷和内吸磷：

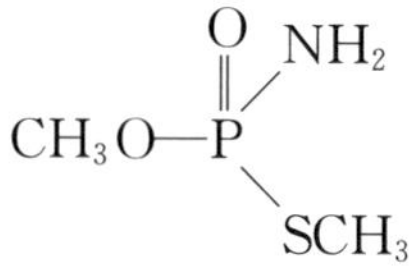

$$CH_3O-\overset{\overset{O}{\|}}{P}(NH_2)(SCH_3)$$

（甲胺磷）

$$(CH_3CH_2-O)_2\overset{\overset{S}{\|}}{P}-O-CH_2CH_2-S-CH_2CH_3$$

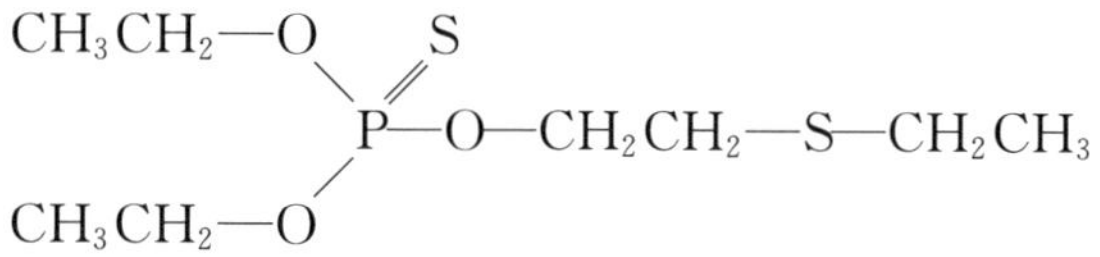

1059（内吸磷）

这些农药的杀虫活性比敌敌畏更甚，但它们的毒性也高。上海郊县曾使用过 1059 杀虫剂，当年夏天不用点蚊香，一个蚊子都没有。当然，在河里或者湖里的鱼虾也急剧减少。人们开始担心，这些有机磷杀虫剂在杀虫的同时，是否也会杀人？安全问题被提到首要地位来考虑。

2.2.3 “八字方针”：高效，低毒，价廉，广谱

化学家更是意识到，一味地在实验室内合成高活性杀虫剂，于人和牲畜的生命安全和环境污染而不顾，既没有尽到社会责任，更是一

种不科学的表现。化学家们达成共识，在农药开发中安全第一位，于是在全球范围内提出了一个化学家们必须共同遵守的“八字方针”，这就是“高效，低毒，价廉，广谱”。低毒是指对人和牲畜的毒性要低；广谱则意味着一种农药可以杀灭各种类型的害虫。为了评价和衡量一种新开发的农药是否能投入使用，必须以“八字方针”进行衡量。高效和广谱可以直接用灭虫的活性来衡量，低毒却不能直接以人来做试验。用接近人类的动物来进行试验是最好的办法，但无论是猩猩还是猴子都过于昂贵，于是人们常用繁殖得最快和最廉价的动物——老鼠来进行试验。进行动物试验要选取一组动物，然后在喂食时不断增加剂量，直到被试动物死亡过半，记下这个数据。这就是与毒性有关的参数——“致死中量”（LD_{50}），LD_{50}是指能使一组被试验的生物群体50％死亡的药剂量，通常以试验动物的每千克体重来表示。如：

敌敌畏　50～80毫克/千克；　甲胺膦　20～30毫克/千克
1605　4～12毫克/千克；　1059　2～3毫克/千克

从上述数据可以看出LD_{50}的数值愈小，对人的毒性就愈大。1605和1059这两种杀虫剂毒性极高，对人和牲畜的威胁太大，不适宜作为农药。从20世纪70年代开始，世界各国已陆续禁用有机磷农药中毒性较大的品种。我国对毒性较大的1605和1059等也明令禁用，敌敌畏和甲胺磷虽可使用，但也严禁在粮食、蔬菜和果园中使用。人们又一次期待着有更好的农药出现。

2.2.4　毒豆浆的启迪——氨基甲酸酯杀虫剂的诞生

17世纪欧洲的冒险家踏上了非洲尼日利亚的卡巴拉省，在该省东南克劳斯河口见到了当地爱非克土族所盛行的巫术审判。长老命令被告喝下一杯由卡拉巴豆浸泡出的乳液，然后跑步，若被告嘴巴突出，口吐白沫，浑身颤抖而死，则是有罪的；相反若仅仅是呕吐，则被视为无罪。这是纪实小说“冒险家手扎”中所描述的一段情节。瑞士嘉基公司的员工在读小说时，被其中的豆浆所吸引。他们认为这种豆浆肯定有毒，因为被告表现的行为全是中毒症状。果然不出所料，

卡拉巴豆就是生物学中属于毒扁豆的一个品种，其中有一种叫毒扁豆碱的成分为

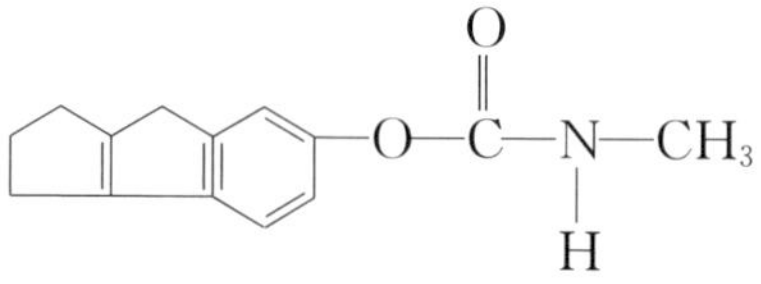

（毒扁豆碱）

而毒性则来源于结构式右边的氨基甲酸基。

直到20世纪中叶，嘉基公司终于模拟合成出类似的化合物，经活性测定确有较强的杀虫效果，而它对于人和牲畜的毒性又很小，于是氨基甲酸酯类的化合物成为又一种新的杀虫剂。如常用的农药甲萘威就是

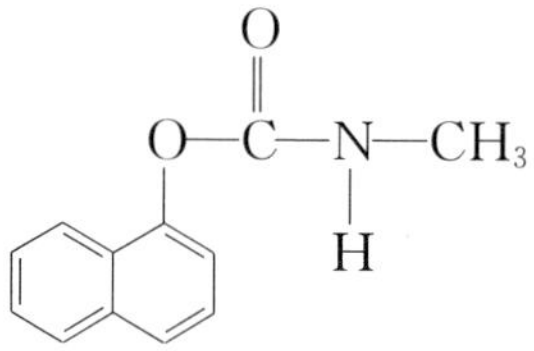

（甲萘威）

氨基甲酸酯类化合物虽然符合“八字方针”，但并不是理想的农药，因为在制备氨基甲酸酯的过程中却要用到一种原料异氰酸酯：

$$CH_3—N═C═O$$

（异氰酸酯）

这是一种剧毒的物质。空气中含量达15 ppm时，人吸入后就会中毒。1984年12月3日，印度博帕尔市曾发生一桩惨案。那是由于美国联碳公司的一个异氰酸酯储罐泄漏，造成了惨重的伤亡，成为“世界八大灾难事件”之一。

人们不得不去开发更安全的农药。化学家们也在积极地寻找更好、更安全的杀虫剂，他们注意到自然界中的一种植物，天生就具有抗虫的能力，对这种植物的研究导致了新一代农药的诞生。

2.2.5　让昆虫感到恐惧的菊花

印度盛产一种菊花，这种菊花在开花期间，没有一种昆虫敢停留在其花上，即使你抓一只昆虫放在花上，它也会立即挣扎着离开菊花，人们称它为“除虫菊”。

科学家们想到在这种菊花里一定存在着一种使昆虫感到恐惧的物质，于是对它进行详细研究，终于找到一种被称为“除虫菊酯”的化合物。除虫菊酯是让许多昆虫感到恐惧的酯类化合物，它的化学结构式已经被化学家们破译：

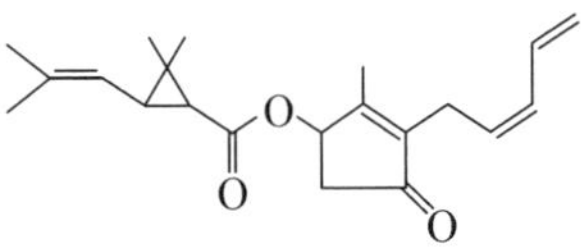

（除虫菊酯）

尽管这种物质的化学结构比较复杂，化学家们还是模拟合成出这种物质。当然也不必合成出完全一模一样的东西，所以称它们为“拟除虫菊酯”。这些化合物既有杀虫活性，又对人和牲畜是安全的，至此人们终于找到一种理想的杀虫农药。目前，拟除虫菊酯的产品已多达50多种，使用范围也日益扩展，家用杀虫剂几乎已是它的独占领地，大家普遍使用的喷罐杀虫剂以及电蚊香等都含有这些材料。

2.2.6　把昆虫扼杀在摇篮里——昆虫激素

正当大部分化学家致力于杀虫剂新品种的开发和研究时，有些化学家已经醒悟，为了消灭害虫一味地研究开发杀虫剂，实在是一种治标而不治本的做法。因为无论多么高效的杀虫剂，总不可能把全部或者大部分害虫消灭光，因为它们繁殖的速度总是超过被消灭的速度。

为了更有效地消灭害虫，一部分化学家把研究视角转向昆虫自身，另辟蹊径要在昆虫身上寻找消灭办法。也许有人会不理解，化学家研究什么昆虫,昆虫学家早就搞清楚了!其实,这正是视角和思维之间存在的差别。这些具有特殊视角的化学家,其高明之处就在于有宽阔的视野和与众不同的思维。与传统的生物学研究不同,化学家研究昆虫是以化学的视角和方法去研究这些虫子。他们研究这些昆虫在不同的生长阶段,体内的化学物质有何变化,了解昆虫体内化学物质所起的作用。正是这样的研究,开发了新一代的化学农药——“昆虫激素”。

化学家们发现,许多昆虫都有幼虫阶段,而一旦进入幼虫阶段,昆虫体内立刻出现一种特殊的化学物质。而当这种化学物质一旦消失,虫子会立刻转入下一个生长阶段,如苍蝇的幼虫(蛆),就会立即进入蛹的阶段。可见,这种化学物质是主宰昆虫是否处在幼虫阶段的关键物质,它被称作“保幼激素”。

化学家们分离和鉴定出这种物质的组成和结构,并模拟合成出这种物质。有了这种人工合成的保幼激素,人们可以用它去扰乱昆虫的生长规律。当把这种物质洒在幼虫群中时,就能使幼虫体内一直留有这种物质,幼虫始终以为幼虫阶段尚未结束,本该离开幼虫阶段的它们依然呆在幼虫阶段。当然,生物有其自身的生长规律,不可能永远呆在幼虫阶段,于是终因正常的生理阶段被破坏而最终导致死亡,这些昆虫还没来得及变成成虫就夭折了。这与杀虫剂的杀灭方法相比,无疑事半功倍,正所谓“把敌人扼杀在摇篮中”。

不仅如此,这种物质还被应用在正面效应上。众所周知的蚕也是一种幼虫,靠吃桑叶长大。为了使蚕能够多产一点丝,就必须让蚕的个体长得大一点,从而可以结一个较大的茧。但是,蚕也有自身的规律,到了一定的时间,不管个儿长得怎样,它们就不再吃桑叶,抬头休眠,实际上这是蚕准备离开幼虫阶段。现在,化学家把保幼激素交给蚕农,让他们在蚕行将休眠之前,把保幼激素撒在桑叶上喂蚕。由于蚕的体内始终有保幼激素存在,蚕儿们就不会急着去休眠,继续吃着桑叶,于是,蚕又可在幼虫阶段多呆几天,自然个体就会长得更大一点,这样就迫使它要结一个较大的茧才能把自己裹起来。使用这种方法,中国蚕农每年可使丝的产量提高10%。

2.2.7 植物生长调节剂

正当大部分人集中研究杀虫剂和昆虫激素时，又有部分杰出的科学家转向对植物激素的研究。因为，杀虫剂也罢，昆虫激素也罢，目的都是为了增加粮食的产量，那么，从植物本身去研究，也许能使产量提高得更快，这就形成植物生长调节剂的研究领域。其实，生物学早就告诉我们，在植物生长的过程中，很多化学物质起着关键的作用。例如：植物生长素，它的化学名称为吲哚乙酸；又如赤霉素（俗称920），也是植物生长促进剂。它们都是植物的天然内源激素，各有独特的生理调节功能，彼此之间有相互增强或相互拮抗的作用。达到平衡，就能促进植物正常的生长发育；失去平衡，就会出现不正常的生理变化。化学家们据此找到了这些物质，并模拟合成用以调节植物的生长。一个意外的收获就是除草剂的研制成功。

化学家们用各种化学物质让植物吸收，结果发现同一种化学物质对不同的植物会有不同的影响。例如，对于宽叶植物会促进死亡，对窄叶植物却没有任何影响。于是化学家们立刻想到这种化学物质可以用于粮食地里的除草，因为粮食作物几乎全是窄叶植物，而杂草大多是宽叶的。果然，没多久除草剂这种新型农药就问世了。

除草剂又名“除莠剂”，顾名思义这种农药用来对付农田里的杂草。首先问世的除草剂是2,4－D，它的化学名称为2,4－二氯苯氧乙酸，其结构式为

Cl Cl

O—CH_2COOH

(2,4－D)

这种化学物质有一个奇特的作用，就是它很容易钻入宽叶的杂草内，并在其体内扰乱其原有的生理作用，使杂草的生长受到抑制，进而促成它的死亡。而粮食作物通常都是窄叶植物，表面还有很厚的蜡层与叶毛覆盖，2,4－D不容易钻入，因而就不受影响。

2,4-D对人畜低毒,对大白鼠的LD_{50}为400～700毫克/千克。常用剂量对人畜和鱼类均安全,唯独对蜜蜂较敏感。它的除草效果十分明显,只要1/1 000的浓度即可除去杂草。

除草剂和北京故宫还有一个故事。故宫是大众喜爱的建筑群,高大的房屋,宽而翘角的屋顶,看上去十分壮观。然而鸟儿也喜欢这些建筑,它们喜欢在宽大的屋檐下建造鸟窝。当鸟儿把泥土杂草等衔上去后,泥土中的杂草种子就会在屋檐下生长蔓延。结果,远远看去屋檐下犹如长了胡子,十分有碍观瞻。由于故宫的建筑都十分高大,登上一般的梯子也够不到屋檐,要清除这些杂草还得搭脚手架,真是费时费力。有了2,4-D,故宫的工作人员就省力多了,只要定期往屋檐下喷洒1/1 000浓度的2,4-D溶液,所有的杂草全一扫而光。

像2,4-D这样的除草剂,可以称为选择性除草剂,在农业中应用较广。现在化学家们已经为农业提供了许许多多的除草剂,促进了大规模现代农业的发展。

2.2.8 催熟剂

现在人们地处北方依然能够吃到南方的水果,如北京人可以吃到新鲜的广东香蕉,这得归功于催熟剂。植物在代谢过程中会释放出乙烯气体,而且已经证实,乙烯是一种促进器官成熟的物质,人们习惯地称它为催熟剂。人们利用乙烯的这个特性来处理水果,以使水果不致在运输过程中因过熟而腐烂。盛产在广东的香蕉如何才能运到北方而不发生变质呢?原来,当香蕉尚未成熟还是绿色的时候就被摘下,然后运往北方,到达目的地后它依然是绿色的,只要使用乙烯气体熏蒸,立刻就可以看到绿色的香蕉全部变成黄澄澄的香蕉了。生活中你或许有经验,一箱苹果中如果有一个发生腐烂,那么,这一箱苹果很快就会全部烂掉。这是什么原因呢?这是因为成熟的水果常会释放出乙烯气体,这些乙烯反过来会促进水果快速成熟。

常用的催熟剂为乙烯利,是学名为2-氯乙基膦酸的有机化合

物。纯品为白色针状结晶,工业品为淡棕色液体,易溶于水,用作农用植物生长刺激剂。一分子乙烯利可以释放出一分子的乙烯,具有促进果实成熟的功能。乙烯利催熟技术是科学和安全的,使用乙烯利催熟香蕉不会对人体健康产生危害,不存在任何食品安全问题。

2.2.9 神奇的芸苔素交酯

据《化学中的机会》一书报道,美国正在研究一种叫芸苔素交酯的物质。据说,这是植物体内最为神奇的一种激素。植物生长也是分阶段的,它的生理周期或活动是受体内化学物质的控制。科学家们在研究天然植物内源激素中,发现了植物生长调节剂。一般认为已发现的植物内源激素有5类,分别是生长素、赤霉素、细胞分裂素、脱落酸和芸苔素交酯,其中以芸苔素交酯最为神奇。1979年美国人为了取得这种从植物体内自身分泌的芸苔素交酯,放飞了成千上万的蜜蜂到油菜田里去采蜜,再从在油菜花上采过蜜的蜜蜂腿上刷下花粉,总共刷下了227千克,从中分离出15毫克的芸苔素交酯,其大小仅一粒沙子而已。

芸苔素交酯是一种极为有效的植物激素,能够显著地促进植物的生长。用它在温室内对一种豆子进行试验,生产出的豆子比原来的要大出好几倍,被大家喜称为"神豆"。并不是说植物长得愈大愈好,但是若能模拟合成芸苔素交酯,人类控制植物生长又多了一种有效的手段。也许,以后你会在农贸市场看到像冬瓜一样大的土豆,不用吃惊,那一定是芸苔素交酯捣的鬼!

2.2.10 农药发展的启迪

小品:魔草上当

世人皆知雷达能够依靠电磁波的反射识别金属物体,在生物圈内却存在着一种更为奇妙的"化学雷达"。

亚细亚刚毛草是蹂躏粮食作物的一种寄生草。它曾使亚洲和非洲的粮食大量减产，致使约有4亿人受到饥饿威胁，人们称它为“魔草”。只要粮食作物一播种，几天以后总会有亚细亚刚毛草的须根贴附在粮食作物的主根上，中途拦劫，大肆吸取营养，粮食作物渐渐枯萎而死。人们不播种时，魔草也不见踪影，人们始终弄不懂，这些魔草为什么会那么精准地探知粮食作物生长的时间？

化学家、农业学家和生物学家共同努力、合作研究，终于揭开了这个秘密。原来亚细亚刚毛草的种子有一种特殊的化学雷达，它能探知粮食作物在生长时所渗出的一些化学物质。一旦得知粮食作物已经生长，它也破土而出。关键在于它有4天的独立生长期，也就是说，在头4天里它可以不需要外来营养，4天之后它必须要抓住宿主植物以继续维持生命，它所特有的化学雷达以及宿主植物渗出的化学信息物质使它能够如愿以偿。

科学家们的目标是必须找出这种信息物质，以便阻断这种信息传递。然而由于这种渗出的物质极其微量，人们竭尽全力也只能收集到千分之几毫克，所以一直未能剖析出这种物质的化学结构。直到精密核磁共振仪诞生后，科学家们终于找到这种物质，并把这种信息物质的化学结构全部探明。所幸它的结构并不复杂，化学家们完全可以在实验室里将它合成出来。

现在轮到人们去捉弄亚细亚刚毛草了。化学家们合成出这种化学信使物质，然后在粮食作物播种之前把它撒入大地，亚细亚刚毛草种子的化学雷达收到信号，误以为粮食作物已经生长，于是就会迫不及待地破土而出，4天以后它们当然不可能找到宿主植物，于是慢慢枯萎而死。人们只要打扫一下战场，再把粮食播种下去，就再也不用担心魔草的威胁了。这是典型的“以其人之道，还治其人之身”的科学方法。

科学家们已经利用同样的方法，识别出许多宿主植物所分泌的化学信息物质，从而制服了更多的寄生杂草。

农药从杀虫剂开始，拓展到昆虫激素，后来又开发出植物生长调节剂，加上消灭亚细亚刚毛草的化学信息物质，已发展成为一个跨学科的研究领域。究其根本，皆因有一批具有特殊视角和与众不同思维方法的科学家。从这一发展过程，我们所能得到的启迪就是在任何研究领域里，如果没有大胆的思维，就不会有所创新。为此，我们不妨提倡多一点"异想天开"，这里所说的异想天开是在一定基础上的创新思维，并不是胡思乱想。科学的发展和进步靠的就是与众不同的思维。人云亦云，随着大潮走，赶热门是永远不会有出息的。有一位伟人曾说过："不怕做不到，只怕想不到"，当然这也是对有一定基础的人才说这样的话。科学发展的历史，给予我们知识，而我们更应该从中获得启发，去开创我们的新天地。

友情提示：若要创新，请努力培养

与众不同的视角与极其丰富的想象力

第 3 篇

环　境

当今世界面临的重大社会问题集中表现在联合国所指出的五大危机:粮食、能源、人口、资源和环境。其中环境问题主要是由于人类社会迅速发展而引起的,它是人类社会现代化进程中必然会出现而又必须加以妥善解决的课题。

所谓环境总是相对某项中心事物而言的,中心事物周围能影响中心事物的各种要素就是环境。若以人类为中心,那么环境就是影响人类生存的周边各种要素。人类的环境可以分为社会环境和自然环境。其中自然环境是人们赖以生存和发展的必要物质条件,是人类周围的各种自然因素的总和,由空气、水、土壤、阳光、生物圈(包括动物和植物)等组成。

由于人口的猛增,工业化进程的加剧,人类赖以生存的环境正在受到污染和破坏。因此,为了能够继续生存和发展,就必须保护和改善我们的环境。为此,人类首先要充分熟悉和了解环境,了解环境被污染的情况和原因,并制定必要的对策以阻止环境被继续污染。有人说"我们的环境被化学污染了",这是一个错误的概念,污染环境的不是"化学",而是"化学物质"。保护和改善环境需要依赖"化学"。

环境要素中水资源和大气与我们人类的关系最为密切。

§3.1 水资源

对于人类而言,水是必不可少。水在人体中的比例为59%~66%。一般而言,一个人在没有食物、但是有水的环境下可以存活7天,而在有食物、但是没有水的干燥环境下却只能存活3天。由此可见,人类的生存与水资源息息相关。

3.1.1 树立水资源的忧患意识

1. 全球缺水

尽管地球表面的70.8%被水覆盖,但绝大部分是含盐量超过

3%的海水，维持人类生命活动所需的则是淡水。然而淡水很少(见图 3.1.1)，有些淡水资源(如高山上的冰川、两极的冰块)目前尚不能为人类利用，人类真正能够利用的淡水资源只占地球上全部水量的 1%不到。

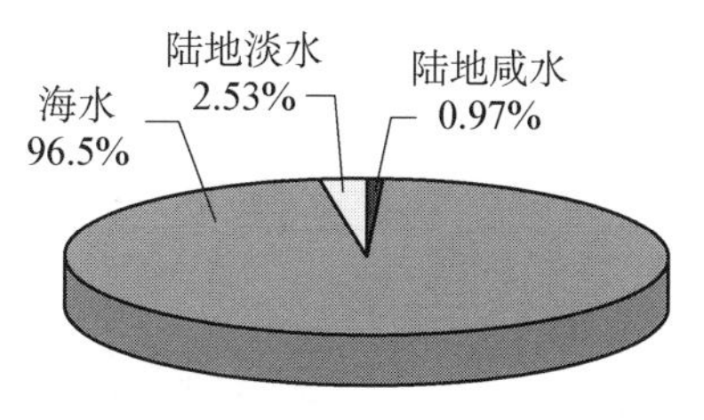

图 3.1.1 水资源分布示意图

随着人口的不断增长，全世界淡水的需求量猛增，是人口增长速度的两倍。目前，全世界有 80 个国家(约 15 亿人口)面临淡水不足，其中 28 个国家的 3 亿多人口完全生活在缺水的状态之中。

2. 中国缺水

我国淡水资源的总水量为 2.8 万亿立方米，排世界第六位，但人均占有的水量却只有 2 200 立方米(日本为 4 716 立方米，美国为 13 500 立方米)，排世界第 108 位，只有世界人均值的 1/3。联合国已将我国列为全球最缺水的 13 个国家之一。我国约有 183 个城市(包括北京和天津在内)缺水，其中 40 个城市有供水危机。我国的北方地区(尤其是西北地区)更为缺水。

3. 仅有的淡水资源也已被严重污染

仅有的一点点淡水资源，也由于受到污染而降低了利用的价值，甚至还会对人造成伤害。即使是本来不缺水的南方城市，有时也闹起水荒。据上海市环保局在报纸上公布的数据，20 世纪 90 年代初上海市区内所有的河道水质均劣于五类，而自来水水源的要求是必须高于三类。联合国专家预言，21 世纪全球最缺饮用水的六大城市中，我国上海不幸名列其中。人类的饮用水遇到严重的危机。

3.1.2 泥浆水如何变为清澈透明的自来水?

人类对水资源的使用主要是两个方面:饮水和洗涤。鉴于天然水中杂质较多，水质浑浊，水资源必须进行适当处理后才能被使用。人们日常生活中所用的自来水，就是经过了处理的净水。自来水的处理过程如图 3.1.2 所示。

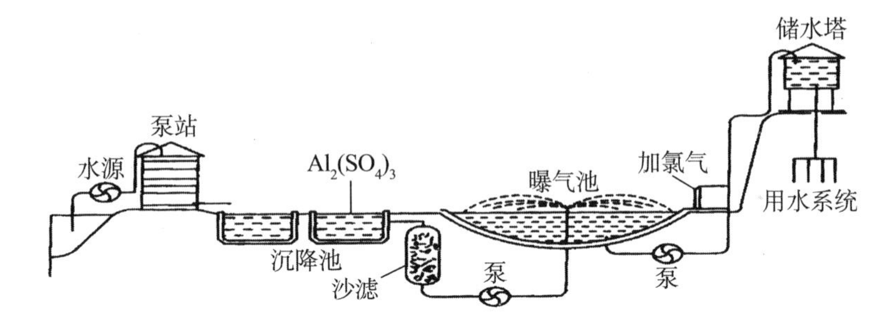

图 3.1.2　自来水制备过程示意图

1. 澄清

水源中的天然水通过泵站被输送到交替使用的沉降池，目的是使一些固体杂质及悬浮物沉降下来。依靠自然沉降为时太长，为了促使迅速沉降，通常要使用化学沉降剂，最常用的化学沉降剂为硫酸铝[$Al_2(SO_4)_3$]。硫酸铝是三价金属铝的硫酸盐，之所以可作为沉降剂是因为它在水中会发生如下反应：

$$Al_2(SO_4)_3 + 6H_2O \longrightarrow 2Al(OH)_3\downarrow + 3H_2SO_4$$

由于氢氧化铝($Al(OH)_3$)在水中的溶解度极小，因而一旦发生水解反应，氢氧化铝就会以絮状的乳白色沉淀弥散地布满水中。这种絮状疏松的沉淀有很强的吸附能力，在自身沉降的过程中会把水中的悬浮固体物如数带下。

小品：农民为什么在水缸里撒明矾？

我国旧时农村自来水尚未普及时，常将河水或井水放入缸中，加入适量明矾粉，目的也是为了让水得到澄清。明矾石是一种天然矿石，其成分为硫酸铝和硫酸钾的化学混合物。天然矿石明矾是带有 12 个结晶水的透明晶体，分子式为 $KAl(SO_4)_2 \cdot 12H_2O$。溶解于水中，其中的硫酸铝就发生水解，产生氢氧化铝的絮状沉淀。

明矾是一种传统的化工产品，主要应用于造纸、制药、染料生产、食品加工等行业。

明矾还有膨化作用，有些摊贩在油条、油饼的加工中违规使用明矾。之所以要对明矾的使用进行严格规定，是因为明矾中含有的铝通过肠胃吸收会在人体内沉积。过量就会对人体造成损害，轻者出现身体虚弱、抑郁、焦躁、记忆力减退等情况，严重时甚至会造成肾功能衰竭、尿毒症，如果在脑内沉积过多，还会出现痴呆和帕金森症。

更为先进的沉降剂是高铁酸钠，因为高铁酸钠是六价铁盐，具有很强的氧化性，溶于水中能释放大量的原子氧，从而非常有效地杀灭水中的病菌和病毒。

$$4Na_2FeO_4 + 10H_2O \longrightarrow 4Fe(OH)_3 + 3O_2 + 8NaOH$$

与此同时，自身被还原成新生态 $Fe(OH)_3$，这是一种品质优良的无机絮凝剂，能高效地除去水中的微细悬浮物。同时还可避免铝过多摄入引起的老年痴呆症，所以，高铁酸盐被科学家们公认为绿色消毒剂。

2. 曝气

经过沉降的澄清水再经过沙滤输送到曝气池，利用压缩空气使曝气池内的水翻腾不已，让水中所含挥发性有异味的东西挥发掉，同时曝气过程中带入的氧气也可消除水中不愉快的气味。

3. 消毒

经过澄清和曝气，原本浑浊的水已经变成清澈透明的水，但是水中还有对人体健康不利的病菌。为了消灭这些病菌，还得往水中通入氯气。通氯气消毒的原因是氯气在水中会生成次氯酸：

$$H_2O + Cl_2 \longrightarrow HClO + HCl$$

次氯酸是一个不稳定的化合物，分解并释放出新生态氧：

$$HClO \longrightarrow HCl + [O]$$

新生态氧具有极强的氧化能力，能迅速氧化细菌有机体，从而达到杀死病菌的目的。

小品：漂白粉和褪色灵

将氯气通入消石灰[$Ca(OH)_2$]中可以制成所谓的漂白粉，其中含有次氯酸钙，溶于水中时发生水解反应，生成次氯酸，同样具有消毒杀菌作用：

$$Ca(ClO)_2 + H_2O \longrightarrow Ca(OH)_2 + 2HClO$$

$$HClO \longrightarrow HCl + [O]$$

将漂白粉放在水中，搅拌后倒出上面的清液，这就是街上有人出售的“褪色灵”。蓝墨水或蓝黑墨水都是一种配方，由染料、稳定剂、阿拉伯胶等构成。因为褪色灵中有次氯酸分解出来的新生态氧，它有极强的氧化能力，会改变染料分子的结构，从而达到褪色的作用。

更为先进的消毒方式是采用臭氧(O_3)来消毒，这是为了避免氯化物、游离氯对人体健康以及水的口感造成不良影响，但制备臭氧耗能太大。

经过上述方法处理过的水就是送到千家万户的自来水。游泳池若无水处理循环系统的话，也常用这种方法来处理水。在投放硫酸铝的同时，还会放入适量的硫酸铜。因为硫酸铜有杀菌作用，还会使池水呈现碧蓝色，给人以悦目的感觉。消毒所用的氯气或漂白粉的用量必须严格控制，自来水中过量的游离氯对人体健康不利，同时影响水的口感；泳池内氯过量会对人的眼睛有刺激作用。

3.1.3 饮用水的种类

自来水是民众必需的生活用品，它的质量取决于水源的质量。对于那些没有理想水源（水质必须三类以上）的地方，即便制备出来的自来水也是清澈透明，但是水中溶解的化学物质也许不能达标，这是因为在自来水的制备中并未处理水中所溶解的化学物质。这就使很多家庭不再把自来水当作饮用水，引发了饮用水市场的大发展。

1. *矿泉水与生饮水*

最早投放市场的饮用水是矿泉水，实际上这是一种未被污染的天然水，因含有若干矿物质而得名。无论是山上流下来的，还是地下冒出来的，只要未被污染，其中有害化学物质不超标，皆可作为饮水源，经简单的沙滤和消毒就可制成饮用水。我国泉源丰富，所以价格也不贵。

从广义上讲现在市场上供应的矿泉水也不一定是泉水，只要取自天然而又未被污染的水均被称为矿泉水。例如，有一款矿泉水的水源是从一个湖泊深层取上来的水，湖泊表层的水也许被污染，但不可能影响到深层的水源。

生饮水则是将自来水进行处理后，使水中的有害化学物质达到饮用标准的水。通常采用最多的是利用活性炭进行吸附处理。活性炭是一种吸附能力极强的多孔材料，它的表面积极大，每克活性炭的表面积高达每克1 000平方米以上。自来水中过多的有色、有异味或有害化学物质就会被吸附在表面，经过吸附的水即可达到饮用水的标准。市场上出售的水处理器接在自来水之后，流出的水即可直接饮用。需要注意的是，任何吸附剂都是会吸附饱和的，所以要定时更换或处理吸附剂，否则你将会喝到比自来水更糟糕的水。

图3.1.3　活性炭吸附剂

矿泉水和生饮水(尤其是矿泉水)因为含有人体所需的化学元素,常被大家当作首选的饮用水。生产矿泉水的厂家更是大肆宣传水中矿物质的重要性,其实这是一个误区。众所周知,人的生命活动的确需要一些化学元素,但主要是通过每日三餐来实施补充,水中的矿物质比起一日三餐获得的矿物质微乎其微。数据会告诉你为什么!

有专家以上海的自来水(与矿泉水中的矿物质相比只多不少)来计算,成人每天平均需饮 1.5 升水,与正常人一日三餐获得同样的人体所需的 6 种化学元素量的比较,如表 3.1.1 所示。两者相比饮水中摄入的化学元素含量已可忽略不计。

表 3.1.1 人体需要的 6 种化学元素(单位:毫克)

化学元素 获取方式	铜	铁	锌	镁	钙	硒
饮水	0.03	0.038	0.66	0.63	60.0	0.45
进餐	4.3	13.5	9.3	156	904	73.8

更有甚者,很多矿泉水瓶标贴上注明:“本矿泉水所含矿物质如下:钾>0.1 毫克,钠>3.0 毫克,钙>3.0 毫克,碳酸氢盐>20 毫克,镁>1.0 毫克。”这样的水你敢喝吗?任何化学物质,即便是有益的化学物质,它也有一个量的概念。如图 3.1.4 所示,只有适量才好。

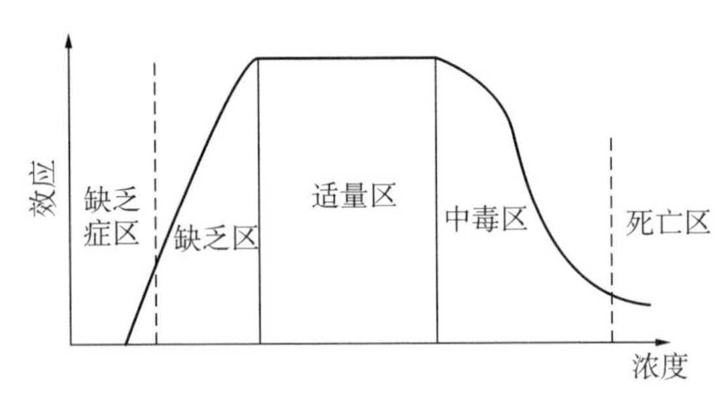

图 3.1.4 化学物质从量变到质变

2. 纯净水

市场上另一类饮用水是纯净水，它们几乎不含矿泉水中所含的那些矿物质，当然也不会含有任何有害的化学物质。

最早上市的纯净水为蒸馏水，对水进行加热，于是水就被蒸发为水蒸气，在将水蒸气冷凝后就得到蒸馏水。由于溶解在水中的化学物质不会随着水蒸气一起出来，因此蒸馏水可视为纯净水。图3.1.5为实验室中常见的蒸馏装置。

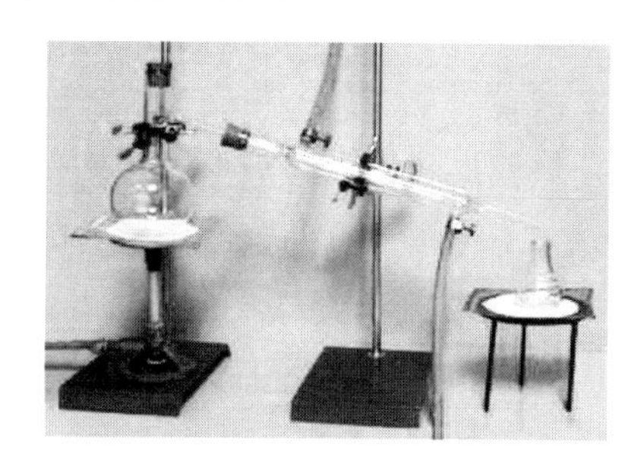

图3.1.5　蒸馏装置

蒸馏是一个耗能的过程，因为加热需要能量，快速冷凝又需要能量，所以它不能成为解决水资源危机的一个好办法。用蒸馏的方法来制备饮用水，虽然成本稍高，但用量不多，消费者还是可以接受的，现代生活中办公室或家庭所用的桶装水大多数是蒸馏水。

3. 反渗透水

另一种纯净水则是反渗透水。渗透是自然界十分普遍的现象。例如，植物根部的吸水就是一种渗透现象，渗透平衡对人的生命活动也极为重要。渗透是如何产生的呢？

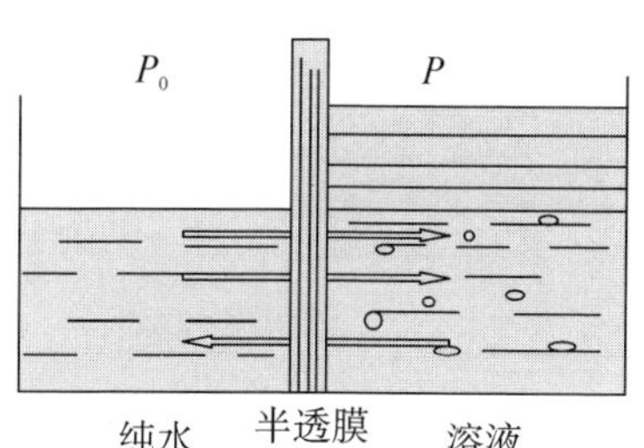

图3.1.6　渗透示意图

如图3.1.6所示，渗透是依靠一种称为半透膜的材料实现的。半透膜是指这种膜可以让水自由通过，而其他任何化学物质无法通过。如果在半透膜的左边是纯水，右边是溶液的话，根据“拉乌尔定律”，纯水上方的饱和蒸气压(P_0)比溶液上方的饱和蒸气压(P)要大。当纯水和溶液上方均处于一个大气压下，驱动水分子运动的动力决定于饱和蒸气压。我们就会发现，从纯水这边通过半透膜的水就会比溶液那边通过半透膜的水要多。于是纯水这边的液面下降，溶液那边的液面上升，两边液面到一定的液位差后达到平衡，这就是渗透现象。植物根部的表皮实际上就是一种半透膜。

如果我们在溶液上方加压，如图 3.1.7 所示，使溶液上方的总压强大于纯水上方的大气压，情况就会发生逆转，此时驱动水分子通过半透膜的动力就决定于两边的压强差。溶液中就会有更多的水通过半透膜而流向纯水。反渗透水就是这样制备的，从饮用水角度讲，这也是一种纯水。

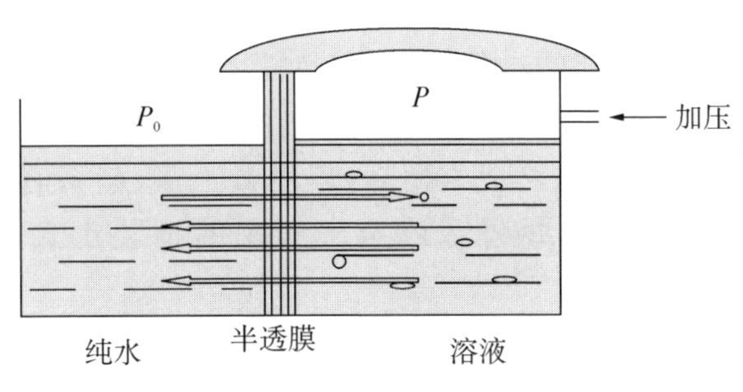

图 3.1.7 反渗透示意图

链接：拉乌尔定律

$P = P_0 \times Xa$

$Xa =$ 水 /（水 + 溶质）

$Xa < 1,\ P_0 > P$

思考：输液有讲究吗？

如果把一个红细胞放在清水中，你将会看到红细胞愈胀愈

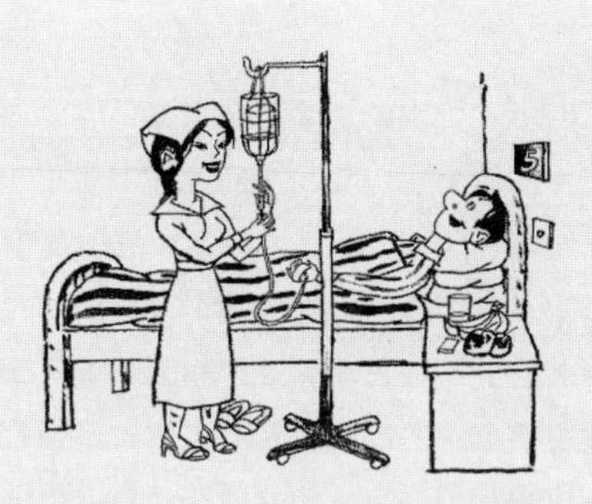

图 3.1.8

大，最后被胀破。这是因为红细胞内是体液，红细胞外是清水，而细胞膜是半透膜，于是清水从外不断向红细胞内渗透，从而造成红细胞不堪负荷而破裂。那么，当病人需要输液时，请问所输的药液是不是有一定的要求？

答案：渗透的重要性更是表现在生命运动中，可以说人的生命是在渗透平衡中维持的。任何破坏渗透平衡的行为，均会威胁人的生命。如前所说，红细胞内部是体液，若外部是清水，则水会从外向内渗透；如果外部的浓度高于体液，则水会从内向外渗透。前者会导致红细胞胀破，后者将导致红细胞干瘪，两者全都会威胁生命。因此输液的浓度必须与体内的渗透相适应。

可以设想，若输入的是清水，必导致红细胞胀破；若输液的浓度比红血球体液的浓度高出许多，则红细胞必将干瘪。为此所有的输液都会配制成“等渗溶液”，这样才不会破坏体内的渗透平衡。

思考：鱼要不要“喝水”？

假如鱼皮是半透膜，那么请你根据拉乌尔定律来判断，鱼需要不需要“喝”水？

答案：这里的喝水打了引号，意思是鱼已经在水中，是否还需要补充水分？拉乌尔定律告诉我们，清水是向溶液渗透的，如果两边都为溶液，同样通过拉乌尔定律计算可得知，一定是稀溶液向浓溶液渗透。如果鱼皮是半透膜，这就需要考虑鱼所生活的环境。

对于淡水鱼，鱼体内是体液，而体外是清水，水会不断地渗入鱼体内，所以鱼不需要“喝水”。

而海鱼体液的浓度比海水的浓度低，鱼体内的水会不断地向外渗透，为了维持生命运动，海鱼必须要“喝水”。至于海鱼如何“喝水”，就是另一回事了。

§3.2 大气

3.2.1 大气圈

人类以大气中的氧为生，生活绝对离不开大气。大气成为人类环境一个特别重要的要素。所谓大气，就是地球表面之上的那一部分空间。它的范围有多大呢？科学家们把离地球表面 10 000 千米以内的空间称作大气圈，因为这部分空间是随着地球的自转而跟着转动的。在这么大的范围内，又分成若干区域，如图 3.2.1 所示。

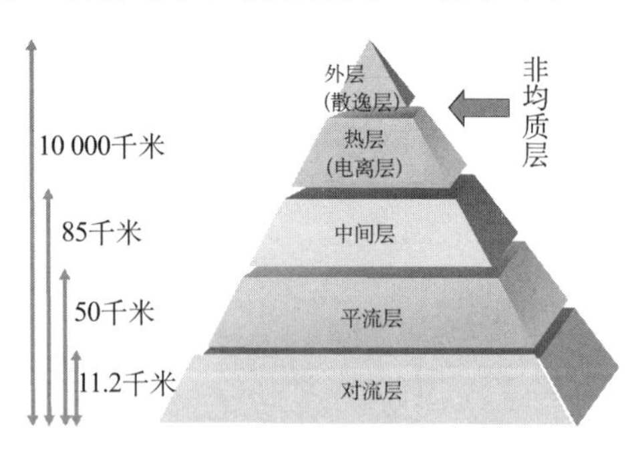

图 3.2.1　大气圈分层示意图

距地球表面11.2千米之内的是对流层，在此层内有强烈的气流对流活动，故得名“对流层”。风、云、雷、雨、雪等所有的气候现象，均发生在这一层。对流层的温度随高度而下降，这是因为太阳光不能直接加热大气层，而是从下面靠温暖的地球把热量传给大气层。对流层的大气密度最大，约占大气圈总质量的95%。大气中主要的化学成分为氮(78.09%)、氧(20.95%)、氩(0.93%)，以及微量水蒸气、二氧化碳、稀有气体、臭氧等。

人类和其他有生命体都处于这一大气层，因为地球表面3.5千米内才有足够的氧气维持生命活动，因而对流层对人类的关系最为密切。人类生产活动和生活活动所产生的污染物也排放在这一层，也就是距地面11.2千米范围内。

从11.2千米延伸到50千米之间的空间成为平流层。在平流层和平流层以上的大气里，几乎不存在水蒸气和尘埃，极少出现云雨和风暴等气候现象。所以该层的透明度特好，加上气流稳定，是喷气式飞机飞行的理想场所。

平流层再往上又分成若干层，有中间层、热层(电离层)、外层(散逸层)，但这些层对人类的生活影响不大。

由于大气的被污染，地球表面的气候受到很大影响，出现了许多异常情况。

3.2.2 异常气候现象

1. 酸雨现象——天空下稀硫酸

降雨涉及生态环境中水的循环，属于正常气象现象，但降酸雨则属不正常。自然界中正常的雨雪呈弱酸性，其pH值为5.6。这是因为大气中的二氧化碳溶于其中形成碳酸所造成的。

$$CO_2 + H_2O \longrightarrow H_2CO_3$$

随着大气污染的日益严重，世界各地出现了酸雨现象。雨水的酸度甚至达到pH=3。西欧和北美是世界闻名的酸雨区，我国的西南和中南地区也已成为世界第三大酸雨区。重庆也曾出现过pH值为3的酸雨。

造成酸雨的主要原因是人类过多地排放酸性氧化物气体，如氮和硫的氧化物，它们主要来自煤的燃烧。如图 3.2.2 所示，燃烧时煤中所含硫和氮的化合物均被氧化为硫的氧化物和氮的氧化物，并被释放到大气中，由下列反应可见它们可转变为硫酸和硝酸：

$$\text{含硫化合物} \xrightarrow{\text{燃烧}} SO_2 \xrightarrow{\text{催化剂}} SO_3 \xrightarrow{\text{雨水}} H_2SO_4$$

$$\text{含氮化合物} \xrightarrow{\text{燃烧}} NO \xrightarrow{O_2} NO_2$$

$$3NO_2 + H_2O \longrightarrow 2HNO_3 + NO$$

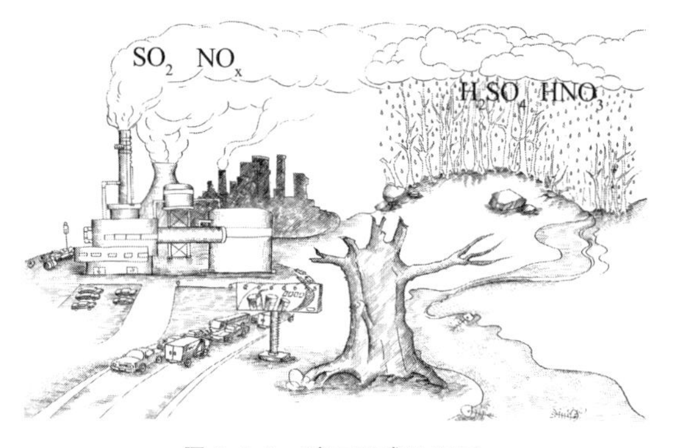

图 3.2.2 酸雨形成的原因

酸雨对人类造成了极大的危害，具体如下：

（1）医生们指出，硫酸雾或硫酸盐雾的毒性比 SO_2 本身更甚，会引起肺气肿和肺硬化等疾病。

（2）酸雨使水体酸化，严重影响了水生动植物的正常生长。资料表明，当水体的 pH 值等于 4 时，鱼虾均不能生存（见图 3.2.3）。

图 3.2.3 酸雨导致鱼虾死亡

（3）酸雨会加剧对建筑材料（包括金属和碳酸钙类的石材）的腐蚀（见图 3.2.4）。

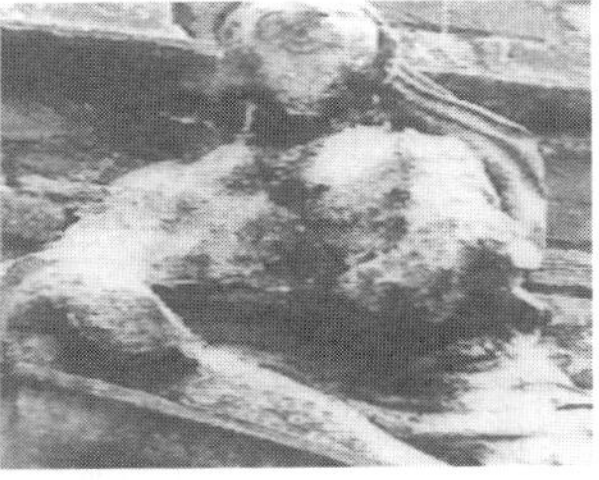

图 3.2.4 酸雨侵袭前后的雕塑像

(4) 酸雨使土壤酸化,导致植物大片死亡(见图 3.2.5 和图 3.2.6)。

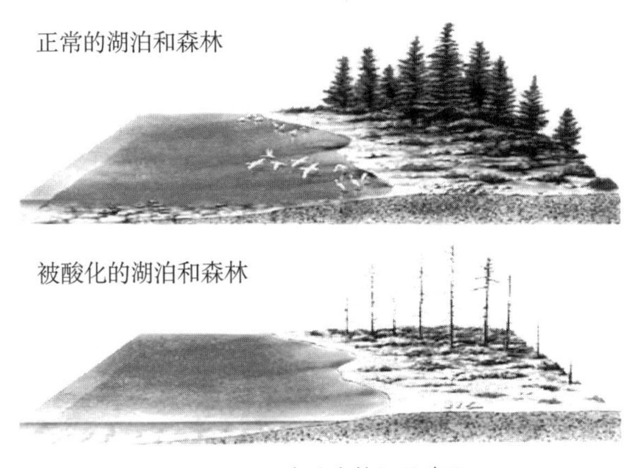
正常的湖泊和森林
被酸化的湖泊和森林

图 3.2.5 大片森林毁于酸雨

你知道吗?这些都是酸雨造成的!
酸雨
(Acid Rain)
美国纽约州180个
湖中鱼虾绝迹
挪威35%
的湖中无鱼
pH=4.5
幼鱼苗全部死亡
浮游生物大量减少
东欧1万平方千米
的森林全部枯死
风景秀丽的瑞典和
挪威湖水中鱼虾绝迹
雨水充沛的德国和
美国大面积森林枯死

图 3.2.6

为了防止酸雨的出现，我们必须控制燃煤的使用量和使用方式，使用更经济而清洁的能源，如发展和使用核能。我国秦山核电站所发的电量，相当于100万吨优质煤的发电量，而这些燃煤将会释放出3万吨硫的氧化物和2万吨氮的氧化物。

由于酸性气体会漂移，释放的酸性氧化物气体的地方不一定发生酸雨，例如加拿大的酸雨就是美国所释放的气体漂移所致。因此，防止酸雨的蔓延应该是全球合作的任务。

小结：酸雨

现象：雨水的pH值小于5.6；

成因：人类过多地释放酸性氧化物气体，主要是硫和氮的氧化物；

危害：危害人类的身体健康，使土壤和水体酸化，破坏生态平衡，加速建筑材料的腐蚀；

防止：减少和控制煤的燃烧。

2. 全球变暖——一个国家曾险些消亡

人们发现全球气候正在变暖。据统计，20世纪80年代全球平均温度升高了0.6℃。1993年1月20日是大寒，这应该是一年中最冷的节气，而我国广州的气温高达28℃，街上许多人打着赤膊，这是十分罕见的。上海曾连续16年暖冬，下雪成了稀罕之事。科学家们曾把这种现象称为“温室效应”(greenhouse effect)，现在更多地被称为“全球变暖”(global warming)，它也是大气被污染的一种表现。

温室效应对人类来说是一种灾难(灭顶之灾)。地球气候变暖的直接效应就是使海洋水体的体积膨胀，高山积雪和两极冰块熔化，北极圈冰层面积已从700万平方千米缩减到531万平方千米，这直接导致海平面上升。20世纪地球的平均气温升高了0.5℃，海平面升高了300毫米。我国科学院曾预报，2030年海平面将上升500～700毫米。若海平面上升1米，尼罗河三角洲将全部被淹，沿海的大城市

均遭灭顶之灾，陆地大量减少。人民日报2001年11月20日曾报道，由于温室效应导致海平面上升，图瓦卢这个国家险些消失。

造成温室效应的直接原因是人类过多地排放温室气体，其中主要是二氧化碳和甲烷等。自然生态平衡消耗不了那么多的CO_2，于是它们就积聚在大气的平流层中，把地球严严实实地围了起来，犹如一个玻璃罩子。白天，太阳光使地球表面的温度升高；夜晚，地球将以辐射的方式散发热量，使温度下降。然而，由于CO_2包围圈的存在，阻止了地球热量的释放，其结果必然是使地球的温度升高。

造成CO_2大量排放的原因是人类过多地使用矿物燃料，包括煤和石油制品。它们燃烧的产物就是CO_2，这部分CO_2占大气中CO_2的70%。此外，滥伐森林、破坏绿色植被也是原因之一。据统计，全球平均每年以900万公顷(1公顷(ha)$=10^4 m^2$)到2 400万公顷的速度砍伐森林。森林是大气的"清洁工"，通过光合作用可以吸收大量的CO_2，吐放出的氧气对全球气候起着重要的调节作用。而森林的减少就不可避免地使大气中CO_2量增加。

为了防止温室效应的进一步加剧，人类必须控制对矿物燃料的使用。还是以秦山核电站为例，若以煤来发电，那么100万吨煤将产生300万吨CO_2。其次，必须保护好森林和绿被，加强绿化。此外还要注意其他的温室气体，如甲烷等的过度排放。

小结：温室效应

现象：地表温度的升高

成因：人类过多地释放温室气体，主要是CO_2

危害：海平面升高，陆地减少

防止：减少和控制矿物燃料的使用

3. 臭氧层空洞——人类的灾难

大气中有一种常被人们所忽视的稀有成分，它在默默地保护着人类，这便是臭氧(O_3)。

臭氧是一种有刺激性气味的气体，人鼻在臭氧浓度为0.02 ppm（1 ppm＝1 mL·m^{-3}）时就可闻出。臭氧是由氧气在获得适当能量时产生的，例如，闪电、电火化等均会形成臭氧。臭氧在不同的大气高度，分布也不同，近地面的对流层中含量很少，随高度增加而逐步提高。在距地球表面25～40千米的平流层中，臭氧的浓度最大，称为臭氧层。其实这是一个很稀薄的气层，即使在最大浓度处，臭氧对空气的体积比也不过是百万分之几，其总的累积量平均也只不过为0.3厘米。然而就是这样一层薄薄的臭氧，疏而不漏地将地球包围起来，构成人类能够得以生存的“保护伞”，因为它可以阻挡99%的来自太阳的紫外线辐射，特别是短波紫外线。人类对紫外线十分敏感，少量紫外线可以起到杀菌防病、促进肌体内维生素D形成的效果，然而过量的紫外线会伤害人的肌体。科学家们指出：若没有这个臭氧层，地球上将不会有任何生物存在。臭氧层中的臭氧每减少1%，紫外光的透过率就增加2%，人类患皮肤癌的概率就增加4%。因此，臭氧层的存在是生态平衡中极为重要的一环，它可以使人类免遭因强紫外线而引发的皮肤癌、黑色瘤和白内障等严重疾病。

然而，1985年英国南极考察队在南极上空发现臭氧层出现了一个空洞，其面积有美国那么大，南极上空的臭氧量减少约50%。1987年12月原西德科学家发现，在北极地区也出现了一个臭氧层的空洞。人们观察发现，臭氧层空洞并不是固定在一个地方，而是会移动的，且面积还有扩大的趋势(见图3.2.7)。

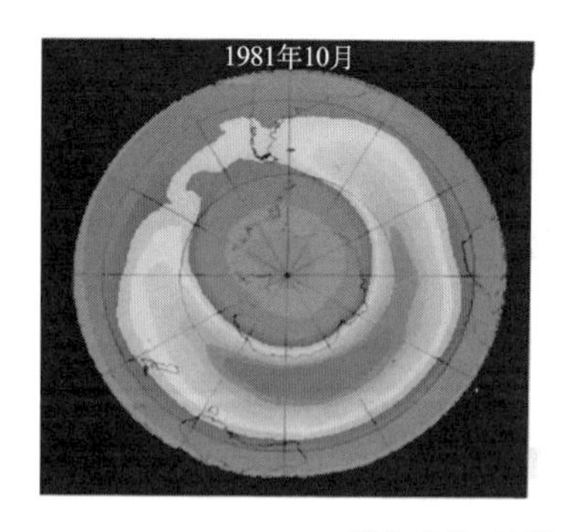

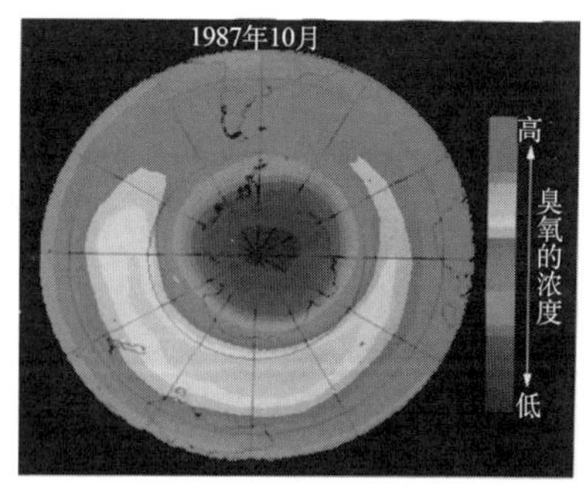

图3.2.7　南极上空的臭氧层的变化

臭氧层出现空洞的报道引起了世界各国政府和科学家们的极度重视。专家们指出，按目前臭氧被破坏的速度推算，到 2075 年臭氧将比 1985 年时减少 40%，全球皮肤癌患者将达 1.5 亿人，农作物将减产 7.5%，水产将减少 40%，人体免疫功能也将逐步减退。

因此，保护臭氧层是一个迫在眉睫的全球性问题。臭氧层遭到破坏而导致形成空洞的原因是大气中出现了过多的卤代烃。卤代烃在太阳辐射和光氧化作用下会分解出氯自由基。这种氯自由基的反应能力极强，导致臭氧迅速分解。科学家们已经确认造成臭氧层空洞的元凶就是卤代烃。

其实，早在 1974 年美国的两位化学家诺兰和莫里纳（1995 年诺贝尔化学奖获得者），就已经发现破坏臭氧层的元凶是卤代烃。他们指出：卤代烃到了平流层之后，受到紫外线的作用，发生了光氧化反应，分解出卤素自由基，就是这种自由基引起了臭氧的分解。例如：人们使用较为广泛的氟氯代烃（俗称“氟利昂”）中的 F-12 会有下列反应：

$$CFCl_3 \xrightarrow{紫外线} CFCl_2\cdot + Cl\cdot$$

$$Cl\cdot + O_3 \longrightarrow ClO\cdot + O_2 \quad ClO\cdot + O \longrightarrow Cl\cdot + O_2$$

专家们指出，由于循环作用，一个氯自由基可以破坏上千个臭氧分子。

为了保护臭氧层，1985 年“维也纳保护臭氧层公约”通过，1987 年 9 月“蒙特利尔协定”达成。人们采取各种措施，控制两大类 8 种卤代烃的生产和使用。化学家们的任务是尽快研究出目前尚在大量使用的卤代烃的代用品。目前，市场上出现的“绿色”冰箱，就是不再以 F-12 作为制冷剂的冰箱。

链接:人类广泛使用的卤代烃

卤代烃是烃类化合物中的氢原子被卤素原子取代的产物。例如有三氯甲烷(又名“氯仿”,$CHCl_3$)、二氯二氟甲烷(又名“氟利昂-12”,CF_2Cl_2,即F-12)。

卤代烃在人类生活中使用极为广泛,如制冷剂、喷射剂、灭火剂、清洁剂,甚至运动员的止疼剂等。其中以制冷介质——F-12用量最多。

二氯二氟甲烷(F-12)是氟利昂家族中的一员,它在制冷机中作为压缩和膨胀介质。冰箱中的F-12压缩后变为液体送入冰箱内,然后让它膨胀,膨胀过程是吸热的。膨胀后的气体再移到冰箱外,然后再将气体的F-12压缩成液体,尽管是放热,但这个热量释放在冰箱外。把液体的F-12再送入冰箱内去膨胀,如此反复进行,就会使冰箱内的温度愈来愈低。空调制冷的原理也是如此。由于冰箱和空调都是家庭必备物品,可见其数量之多。在F-12的制造、运输、储存,以及冰箱和空调的维修过程中,肯定有大量的F-12被释放进入大气。此外,用于喷罐产品的内动力都采用F-12作为介质,使用过程中被释放出的F-12就更多了。

目前,国际上已有各种各样的规定来限制生产和使用卤代烃。例如,从1993年7月1日起氯氟烃的生产和消费要比标准减少20%,1998年7月1日起再减少30%,发展中国家可推迟10年执行。我国也参加了上述国际条约,目前我国生产上述物质年产达24 500吨,实际消费31 500吨,其中55%用于制冷。因此开发非卤代烃制冷的研究工作已迫在眉睫。

小结:臭氧层空洞

臭氧层空洞:由于人类对大气实施污染而出现的异常现象之一。

现象:臭氧层臭氧减少并出现空洞;

成因:人类过多地释放卤代烃;

危害:紫外线直射地球表面,危及地球上的生物;

防止:减少卤代烃的使用,寻找卤代烃的代用品。

第 4 篇

安　全

火灾和爆炸等常见事故总会突然降临，破坏我们美好的生活，甚至威胁我们的生命和财产，这些事故发生的主要原因是人们缺乏有关防范的基本知识。生活中人们难免会接触一些易燃易爆的化学物质，但只要掌握它们的特性，就能让它们处于人们的控制之中。学习和掌握易燃易爆物质的性质，了解发生燃烧和爆炸的条件，就可以防止事故的发生。即使一旦出现事故，也能及时采取措施以使其消灭在萌芽状态。

§4.1　燃烧及其必要条件

燃烧是一种化学现象，它是可燃物和氧化剂发生剧烈的氧化还原反应，同时释放出光和热的现象。火灾就是一种非正常的燃烧现象。

燃烧要有一定的条件才能发生。根据燃烧的定义，它必须同时具备可燃物和氧化剂，但仅有这两种物质也不一定发生燃烧。例如，我们身上穿的衣服是可燃物，空气中的氧气是氧化剂，可并没有发生燃烧。这是因为导致燃烧还需要一个十分重要的条件，那就是能够引起可燃物着火的点火源，这就是燃烧所必需的 3 个必要条件。称它们为必要条件是因为要发生燃烧，这三者缺一不可。然而这三者不是充要条件，也就是说，即使具备了这 3 个条件，燃烧也不见得会发生。可见，每一个条件本身还会有一定的要求。

4.1.1　可燃物

我们生活中可燃物到处可见。可燃物就是能够烧得起来的物质，从化学角度来看，在生活中经常接触到的可燃物就是含碳、氢等元素的化合物，特别是富含碳、氢的化合物。例如，衣服和纸张是可燃物，因为它们都由富含碳和氢的纤维素组成；又如，汽油和乙醇都是可燃物，因为它们都是富含碳和氢的烃类化合物或含氧衍生物。在特殊的情况下，可燃物还应该包括强还原剂，例如金属镁和金属铝，通常用火柴或打火机就可将镁条点燃；过去在焊接铁轨时使用的“铝热剂”就是利用金属铝和三氧化二铁中的氧发生燃烧反应来完成铁轨的焊接；节日里孩童们玩耍的“闪光条”，也是利用镁粉在空气中燃烧发出耀眼的火花。金属可燃物不仅可以和空气中的氧气发生燃烧反应，还可以从氧化物中夺取氧而发生燃烧。例如，上述铝热剂就是从三氧化二铁中夺取氧；镁甚至可以从二氧化碳中夺取氧而继续燃烧：

$$2Mg + CO_2 \longrightarrow 2MgO + C$$

小品：焊铁轨的铝热剂

过去制造的铁轨都是短铁轨，铺设后必须将它们焊接起来，以避免火车在行进过程中产生过于频繁的噪声。由于铁轨的导热系数太大，没有焊具能将焊条熔化，于是就产生了使用铝热剂来焊接铁轨的技术，如图 4.1.1 所示。

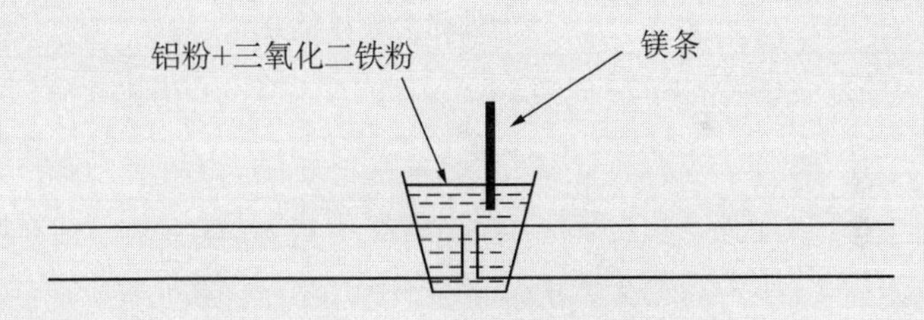

图 4.1.1　铝热剂示意图

在一个斗型的容器中，装填混合均匀的铝粉和三氧化二铁的混合物，并在上部插入一根镁条。用火柴或打火机点燃镁条。当镁条燃烧到混合粉末处，其燃烧所产生的热量足以点燃铝粉燃烧，燃烧所需的氧是从三氧化二铁中“夺”来的，同时将铁还原出来。由于铝的燃烧产生大量的热，温度很高，铁被熔化成铁水，铁轨也就焊接好了。

各种可燃物的易燃程度不同，因此常用一定的标准将它们划分为几种等级，以便人们在处理、运输或储存过程中加以特别注意。

对可燃液体而言，常用“闪点”来表示易燃程度。闪点是指明火接近可燃液体的液面上方时，在蒸气中出现一闪一闪却又不能发生连续燃烧现象的温度。闪点愈低，危险性愈大。

当然，也可以根据可燃物的“燃点”来区分危险程度。燃点即明火接近可燃物能使其着火并继续燃烧的最低温度。燃点通常比闪点高，但它和闪点有一定的联系，闪点高的燃点也高，但闪点愈低，两者的差距愈小。表 4.1.1 为常见可燃液体的闪点。根据可燃液体的危险程度，可进行 4 个等级的分类（见表 4.1.2）。闪点在 28℃以下的可燃物均属危险品。危险品需要贴有相应的标志图（见图 4.1.2）。

表 4.1.1　常见可燃液体的闪点

物品	汽油	苯	甲醇	乙醇	煤油	丙酮
闪点/℃	−5.8～−10	−15	9.5	11	28～45	−17

表 4.1.2　可燃液体危险程度分类

	等级	闪点范围/℃	物品实例
易燃液体	一级	<28	汽油、苯、酒精等
易燃液体	二级	28～45	煤油、松节油等
可燃液体	三级	46～120	重油、苯酚等
可燃液体	四级	>120	桐油、润滑油等

图 4.1.2　危险品标志图

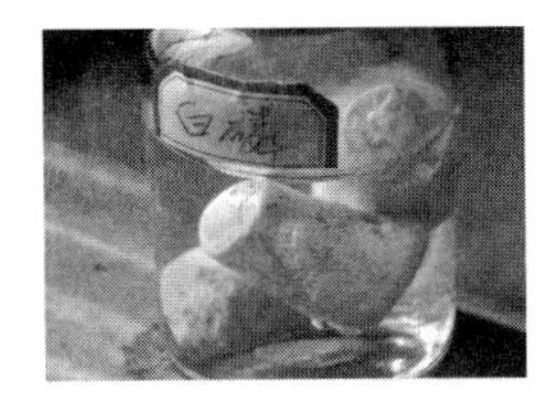

图4.1.3　白磷必须保存在水中

人们也会根据可燃物的自燃点来衡量可燃物的危险程度。可燃物不接触明火即会发生燃烧的温度，这就是自燃点。显然，自燃点愈低，危险度愈大。白磷就是自燃点很低的可燃物，其自燃点仅为30℃，所以白磷必须保存在水中（见图4.1.3）。即使室温不到30℃时也必须保存在水中，因为白磷只要暴露在空气中，就会与空气中的氧作用，发生氧化反应，释放出的热量足以将白磷加热到其自燃点以上。

小品：谁放的火？

在一次安全讲座中，主讲人向固定在铁架上的一张滤纸滴下几滴液体。然后主讲人要求所有的人注视这张滤纸的变化。正当所有的人目不转睛地盯住这张滤纸时，滤纸突然自己烧了起来。是谁放的火呢？

主讲人告诉大家没人放火，这就是自燃。那么这张滤纸为什么会自己烧起来呢？

原来，滴在滤纸上的液体不是水，而是白磷在有机溶剂二硫化碳中的溶液。当二硫化碳逐渐蒸发之后，溶在其中的白磷就暴露在空气中，它立即和空气中的氧发生氧化还原反应，同时释放出大量的热，使白磷的温度上升到自燃点，从而发生燃烧。

4.1.2　氧化剂

氧化剂是燃烧过程中的助燃剂，最常见的氧化剂就是空气中的氧气。大多数的火灾也发生在有氧的空间。生活经验告诉我们，任何燃烧一旦在空气中发生，就会连续不断地烧下去，这是因为空气中有21%左右的氧气足以让所有的燃烧得以继续。然而，专家们指出：若空气当中的氧气浓度降低至14%以下，所有的燃烧会由于缺氧而不能继续。这是为什么？因为化学反应是一个剂计量反应，在燃烧反应中氧化剂多了，可燃物少了，反应就不能继续，反之亦然。这个数据对我们扑灭火灾特别有用。

除空气中的氧气之外，许多含氧的化学物质，特别是含氧原子较多的强氧化剂，也是燃烧反应中氧的提供者。前面提到的镁和二氧化碳的反应，实际上二氧化碳就是氧化剂。此外，高锰酸钾（$KMnO_4$）、浓硝酸（HNO_3）、重铬酸钾（$K_2Cr_2O_7$）、氯酸钾（$KClO_3$）等，都是能在燃烧反应中提供氧的氧化剂。

链接：黑火药中的氧化剂

我国四大发明之一的黑火药，采用硝酸钾（KNO_3）、硫磺粉和木炭制成，其中硝酸钾就是氧化剂。当黑火药点燃时，由硝酸钾提供的氧能使木炭和硫磺粉急剧燃烧，产生大量的热。由于气体体积在瞬间急剧膨胀（大约每克黑火药产生70升气体，体积增加近7 000倍），于是就产生了爆炸。在黑火药爆炸时，同时伴有硫化钾和未燃烧炭粉的固体产生，这就是冒出的很浓的烟雾。黑火药（又称“黑色火药”和“有烟火药”）因此得名。现在可以用氯酸钾代替硝酸钾，常用于烟火的生产。

4.1.3　点火源

点火源作为燃烧的必要条件之一，它必须具备足够的能量，以使可燃物被加热到燃点或者整个体系被加热到自燃点。最为普通的点火源就是明火，例如，火柴、打火机、煤气灯、未熄灭的烟蒂、通电而裸露的金属丝，以及气切割枪焰等，都是点火源。此外，还有下列一些较为特殊的点火源。

（1）电火花：电火花是常见的引发火灾的点火源，常常由于电路在开启或断开时所引起的电火花，引发一场巨大的火灾。

（2）雷电：雷雨时的闪电具有极大的能量，常会引燃可燃物。

(3) 聚焦的日光：当阳光通过凸透镜时，焦点处的能量极大，温度很高，可以点燃火柴、纸张、布料等可燃物。

(4) 摩擦：持续而强烈的摩擦会产生高热和火花，从而点燃可燃物。

(5) 静电：静电产生高电压的放电火花，也会点燃可燃物。

思考：车尾拖链的作用

马路上奔驰着一辆油槽车，你会看到在车尾挂着一条带状物直拖地面。这条带状物是什么？为什么要在油槽车上拖一条带状物到地面？

答案：汽车在行进中轮胎在地面的摩擦会产生静电，积聚后达到高压就会放电而产生火花，有可能点燃车上的油品而发生事故。车尾处拖一根导电的带状物，就会把静电引导到地面，从而避免高压静电的放电。以前常用一根铁链与地面接触，现在常用一根软的导电带，可以避免铁链与地面摩擦产生火花。

(6) 一些缓慢放热的氧化反应，若不及时散发热量，积聚到一定程度也会引发燃烧，如干草堆和煤堆。

§4.2 灭火原理及方法

任何灭火的方法，都是针对燃烧所需的3个必要条件，只要把其中的任何一个条件拿掉，燃烧就将无法继续，从而可以达到灭火的目的。

4.2.1 窒息法

窒息法针对的是燃烧条件中的氧化剂，不提供氧或降低空气中氧的浓度，强制燃烧反应停止进行，就像人突然没了氧气要窒息一样。生活中我们常常可以看到这样的现象。例如，炸油条的锅子突然着火，只见炸油条的师傅从容回身拿起锅盖往油锅上一盖，火立马熄灭了(见图 4.2.1)。这就是窒息法。用土覆盖可燃物扑灭燃烧(见图 4.2.2)，也是窒息法。

图 4.2.1　盖锅盖断氧法

图 4.2.2　盖土断氧法

图 4.2.3　家电着火扑灭法

家用电器着火时，用窒息法灭火非常有效。由于电器往往带电，不宜用水去灭火，用棉被、毛毯等盖上去可将火扑灭。

二氧化碳气体经加压不经过液态可直接变成固体，所以称为"干冰"。二氧化碳灭火器又称干冰灭火器。它由三部分组成，红色的筒身内装固体二氧化碳，筒顶有一个压阀，上面有一个喇叭口的喷筒。打开压阀时，干冰气化由喷筒喷出。由于二氧化碳在气化和膨胀的过程中会吸收热量，喷出的气体非常冷，可使可燃物降温。同时，二氧化碳的放出使可燃物周围的氧气浓度降低，低至 14%以下即可灭火。

链接：正确使用干冰灭火器

如图 4.2.4 所示，干冰灭火器的压阀上插有一个销子，使用前必须先拔掉销子，否则压阀不能被压下。销子上有一个小小的圆形铅封锁住销子，所以在拔销子之前必须先将铅封除去。放有铅封的目的是确认这个灭火器没被使用过。

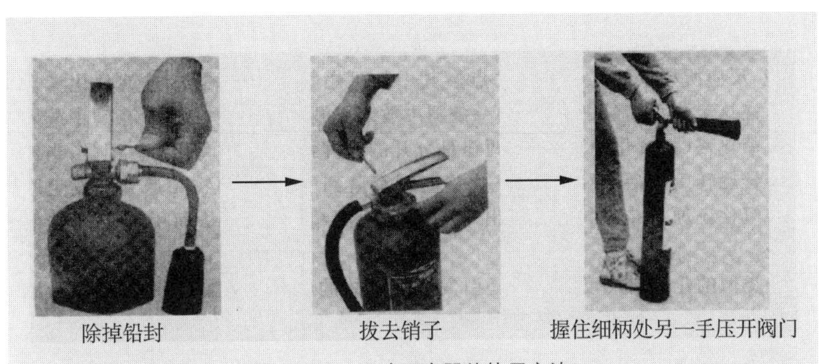
除掉铅封
拔去销子
握住细柄处另一手压开阀门

图 4.2.4　干冰灭火器的使用方法

在打开压阀时必须注意，另一只手要握在喇叭口和细管的交接处，切勿握在喇叭口上。这是因为在喇叭口上会发生膨胀，气体吸热将导致喇叭口温度极低，会冻坏你的手掌。

4.2.2　冷却法

冷却法针对的是燃烧条件中的点火源。众所周知，点火源的作用是将可燃物的温度提高到燃点以上，冷却法反其道而行之，让可燃物的温度降到燃点以下。在冷却法中用得最多的就是水。因为水的热容量很大，每克水温度升高 1℃，就要吸收 1 卡热量，试想大量的水射到可燃物上，水的温度上升甚至还会汽化，在升温和蒸发过程中当然要吸收大量的热，很快就可让可燃物的温度降下来。除了水之外，二氧化碳灭火器也有冷却作用。

小品：曾经使用过的酸碱灭火器

一旦发现火灾，我们首先想到的就是用水去扑灭，于是会用盛水的脸盆或水桶泼向可燃物。但是人的力量有限，泼的距离不远，同时方向性也差。

酸碱灭火器是一种常用的灭火器材。

如图 4.2.5 所示，筒体内装满碳酸氢钠(小苏打)的水溶液，上部架子上有一瓶不加盖的硫酸。使用时将筒体颠倒过来，硫酸泼洒在小苏打溶液里，立刻产生大量二氧化碳，由此而产生的压力会将溶液压出，只要把灭火器对准可燃物，就能起到降温、灭火的效果。

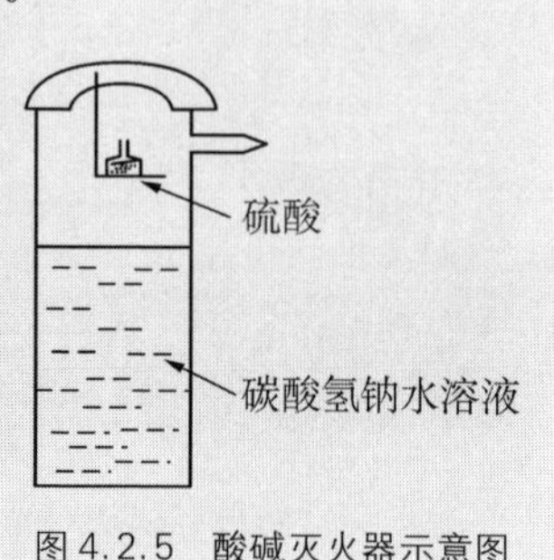

图 4.2.5　酸碱灭火器示意图

$$NaHCO_3 + H_2SO_4 \longrightarrow Na_2SO_4 + H_2CO_3$$

$$H_2CO_3 \longrightarrow H_2O + CO_2$$

酸碱灭火器有很大的局限性：它不能扑灭油品和电器的燃烧，更不能扑灭贵重物品、文物、档案和图书等，再加上喷射的时间较短，所以它已经被淘汰。酸碱灭火器曾经被改装成泡沫灭火器，就是在水溶液中加入发泡剂，于是灭火器喷射出去的不是水柱，而是泡沫柱，除去降温之外还有窒息作用。这种改装的筒状泡沫灭火器也已少见。

4.2.3　疏散隔离法

疏散隔离法针对的是燃烧条件中的可燃物。我国有句成语“釜底抽薪”，说的就是疏散隔离法，把可以燃烧的东西都拿走，当然就烧不起来了。

森林火灾很难扑灭，为了有效地扑灭它，消防队员常常会在火焰蔓延的前方挖出一条深沟或砍倒一片树木，待火焰蔓延至此，就再也没有东西可烧，这就是隔离法。

疏散隔离法的一个要点是“断源”。例如，厨房发生火灾常由煤气引起，此时首先要把煤气阀门关闭。若是液化石油气，则要把液化

石油气罐搬离现场。

4.2.4 化学抑制法

化学家们在研究燃烧反应的机理中得知，燃烧之所以传播得如此迅速，是因为在反应中产生一种叫“自由基”的东西。自由基的化学活性极强，若能将它除去，燃烧反应也就停止了。人们终于找到消灭这种自由基的卤素（氟、氯、溴、碘）自由基。卤素自由基会和反应中产生的自由基结合成非自由基物种，从而使燃烧反应戛然而止。如图4.2.6所示的1211灭火器就是根据这个原理推出的新型灭火器材，其中的灭火材料为一氯一溴二氟甲烷。在燃烧的高温下会分解出卤素自由基。

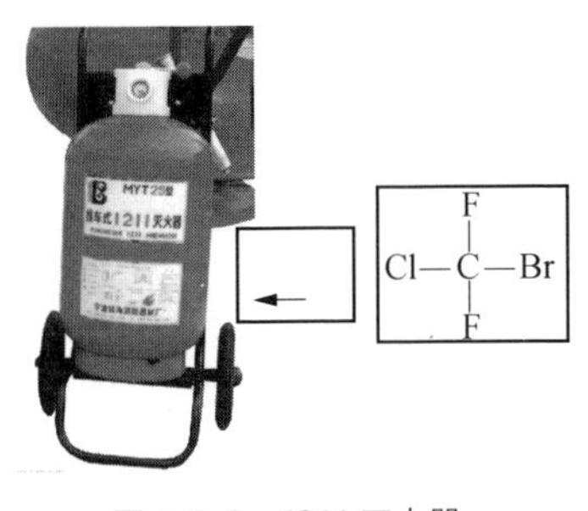

图 4.2.6　1211 灭火器

链接：干粉灭火器

干粉灭火器内充装的是干粉。干粉灭火剂是一种在消防中得到广泛应用的灭火剂，它是干燥且易于流动的微细固体粉末，由具有灭火效能的无机盐和少量的添加剂经干燥、粉碎、混合而成，如碳酸氢钠干粉、改性钠盐干粉、钾盐干粉、磷酸干粉和氨基干粉等。干粉灭火剂主要通过在加压气体作用下喷出，与火焰接触时干粉中无机盐的挥发性分解物，与燃烧过程中燃料所产生的自由基或活性基团发生化学抑制和副催化作用，使燃烧的链反应中断而灭火；二是干粉的粉末落在可燃物表面外发生化学反应，并在高温作用下形成一层玻璃状覆盖层，从而隔绝氧、窒息灭火。另外，还有部分稀释氧和冷却作用。

§4.3 爆炸

爆炸是指物质由一种状态迅速转变为另一种状态，并在极短的时间内以机械功的形式，放出巨大的能量，或者是气体在极短的时间内发生剧烈膨胀，而后压力迅速降到常压的现象。爆炸可分为物理爆炸和化学爆炸两类。

物理爆炸是由于容器承受不住容器内部的压强而发生的爆炸。例如，锅炉爆炸就是物理爆炸。

化学爆炸和燃烧属于同一化学现象，只是爆炸的反应速度更快，若以线性速度来比较，燃烧反应为几十米/秒，而爆炸反应为几百米/秒，甚至几千米/秒。例如火药的爆炸。此外，爆炸还会让自身的体积瞬间扩大几千倍，所以破坏力极大。化学爆炸和燃烧还有一个重要的区别，燃烧发生后可以去扑灭，而爆炸一旦发生无法挽回。为此，我们必须了解发生爆炸的原因，把爆炸扼杀在发生之前。

生活中发生的化学爆炸事故中，最常见的是可燃性气体或可燃性蒸气与空气中的氧混合均匀后，其浓度达到一定范围，一经点火所产生的爆炸，这个浓度范围被称为爆炸极限。爆炸极限有下限和上限，通常用体积分数来表示。例如：氢气的爆炸极限为 4.00%～74.20%，这就意味着当空气中的氢气浓度超过 4%时，只要一个小小的火花就能引发巨大的爆炸，而当空气中的氢气浓度超过 74.20%时，即使点火也不会爆炸。表 4.3.1 列出部分可燃性气体和蒸气的爆炸极限值。

表 4.3.1　爆炸极限值

化合物	氢气	甲烷	一氧化碳	汽油蒸气
爆炸极限/%	4.0～74.2	5.0～15.0	12.5～74.2	2.6～6.0

在爆炸事故中，可燃性气体或蒸气达到爆炸极限而引发的事故占绝大多数。例如，有一个实验室在进行大扫除时，使用汽油作为溶

剂清除油污。结果因为挥发出大量汽油蒸气，导致空气中的汽油蒸气达到爆炸极限。此时正好有人推了一辆带有铁轮的小车进屋，铁轮与门槛上的铁条相碰迸出小火花。于是一场巨大的爆炸就发生了。

又如，一艘满载万吨原油的轮船，在目的地的港口卸下所有的原油。按照惯例，轮船开进修理厂进行维修。正当一名电焊工要焊接舱底的一块钢板时，发生了巨大的爆炸，将一艘万吨油轮炸为两段、沉入江底。爆炸的原因是船舱虽已出空，但船舱内部空间存有大量的原油蒸气，它们的浓度已达到爆炸极限，一遇明火当然就炸。

除了可燃性气体及蒸气造成爆炸之外，可燃性粉尘也会构成爆炸极限，例如面粉、糖粉、塑料粉尘等。糖粉的爆炸下限为12.5克每立方米。因此凡有这些粉尘的地方都要严禁明火。

要防止这种事故的发生，特别要注意那些沸点较低和极易挥发的可燃液体所造成的可燃蒸气的产生。一旦挥发过度而达到爆炸极限，只要一个小火花就可能会酿成大事故。

小品：冰箱会爆炸吗？

你听说过冰箱会爆炸吗？这是真的！

20世纪60年代的上海空调还不多见，但上海夏天气温可达35℃以上。如果你走进化学实验室，就会看到低沸点试剂瓶在“冒烟”，其实这是因为温度太高、溶剂大量蒸发所致。为了安全起见，使用低沸点溶剂较多的实验室会配备一个冰箱，在不使用这些溶剂时，可将它们放入冰箱。上海某化学研究所也配备了存放较多低沸点溶剂的冰箱。某日下班前，实验室工作人员把所有的试剂放入冰箱后下班回家。第二天上班时，工作人员发现冰箱的门不翼而飞！仔细一看，冰箱门已嵌入对面墙内，冰箱内也一片狼藉，显然昨晚冰箱发生了爆炸。

原来，工作人员把溶剂瓶放入冰箱时，忘了把瓶盖旋紧，即使在冰箱的低温下，这些溶剂也会蒸发出来，而冰箱的空间很小，很快就达到爆炸极限。那么又是谁点的火呢？是冰箱自己！因为冰箱是自动控温的，温度到达所控温度，制冷机自动关闭，温度不够冷时制冷机启动。无论关闭还是启动，继电器的触点在接触或断开时都有火花产生。就是这个火花引爆了已达到爆炸极限的空间，造成冰箱门被炸到对面墙上的后果。试想，如果爆炸发生在白天，冰箱前恰好有个人，后果不堪设想！

类似的事故还有发生，所以使用冰箱存放化学物品，一定要小心。现在已经有了一种防爆冰箱，可以把产生火花的继电器封闭起来。通常实验室里都应该使用防爆冰箱。

§4.4　安全使用煤气

上海长宁区安顺路曾经发生过一起煤气爆炸事故。一天早晨一位老人起床后闻到一股浓烈的煤气味道，她却依然点火烧水，结果发生了巨大的爆炸。这次事故本可避免，正是由于老人缺乏安全使用煤气的相关知识酿成悲剧。

小品：煤气的沿革

最初城市管道煤气的主要成分是一氧化碳和氢气的混合气，来自煤干馏所得的焦煤气或煤在高温下与水蒸气所产生的水煤气。后来，发达国家采用以甲烷为主的燃气系统，先将一氧化碳和氢气在镍催化剂的帮助下合成甲烷，再配置成燃气送到千家万户。上海也正在向以甲烷为主的燃气系统逐步过渡。浦东地区早在多年前已全部使用东海气田的天然气。浦西地区也在2004年部分使用四川西气东输的天然气，目前已经基本全部使用天然气。天然气的主要成分就是甲烷（CH_4），也可能会含有一些较重

的烃分子,如乙烷(C_2H_6)、丙烷(C_3H)和丁烷(C_4H_{10})。为什么以甲烷为主的燃气是较为先进的燃气系统呢?

首先,同样体积的燃气中,以甲烷为主的燃气其燃烧热值要比混合气高出2.2～2.5倍,使用效率得到提高。非常直观的就是烧一壶开水的时间明显缩短。

其次,以甲烷为主的燃气更为安全。若发生煤气泄露,甲烷不会使人中毒,而混合气中的一氧化碳是会让人中毒的。

当然,甲烷也是可燃性气体,一旦泄露仍有爆炸的危险,使用时仍需提高警惕。

煤气本应没有气味,但为什么一旦煤气泄漏,我们就能闻到它的特殊气味呢? 原来,无论是混合气还是天然气配置成管道煤气时,总有一些有气味的杂质存在。如果这种气味不够浓烈,煤气厂还会人为加入一些恶臭物质(如硫醇),目的就是让人们能够警觉到煤气泄漏。否则,因煤气泄漏而造成空气中可燃性气体的浓度达到爆炸极限,一遇明火就会发生爆炸。此外,如果是混合气,煤气的泄漏还存在一氧化碳使人中毒的危害。

小品:警惕煤气味!

当你闻到一股浓重的煤气味道时,首先就应该意识到煤气发生了泄漏。你该怎么办呢? 首先,必须立即检查煤气阀门是否关闭,连接煤气的橡皮管有无脱落;然后,打开所有门窗强制通风,以降低可燃性气体的浓度,使其跌出爆炸极限的下限。此时千万不能做的事情就是动用明火,也不能打开任何电器(包括手机)。

思考：爆炸原因

据2010年8月12日《新民晚报》报道："昨天晚上长宁区福泉路450弄301室，灯暗无人。晚上9时许，男主人回到家中，打开房门进入室内，突然发生爆炸并引发大火。"请分析造成这次事故的各种可能性。并指出最可能的原因是什么。

答案：最可能的原因如下：

室内管道煤气或液化石油气发生泄漏，造成空间已达到爆炸极限，但没人点火是不会发生爆炸的。然而主人回家时，开门进去的第一件事情就是开灯，此时由于煤气泄漏，可燃性气体已达到爆炸极限，开灯时金属片的接触会有火花发生，就导致了爆炸的发生。

§4.5 化学自燃

有人以为没有明火就不会有燃烧和爆炸的危险，其实不然，看了下面的小品你就会明白其中的原因。

小品：没有明火引发的爆炸

上海某化工厂的一个废氨水储罐曾发生过一次严重的爆炸事故，储罐的顶盖以及在顶盖上的一个操作工被掀到10米以外。爆炸的原因当然是废氨水储罐内液面上方挥发出来的可燃氨气和空气中的氧已达到氨气的爆炸极限。问题是谁点的火呢？让我们来看一下当时的操作过程。

废氨水储罐的外部有一个利用连通器原理观察罐内液面的玻璃管。废氨水内有很多脏乎乎的杂质，当液面上上下下的次数多了，玻璃管的管壁上就沾有一些黏糊糊的铁锈状的东西，影响了液面的观察。通常可以用倒入稀盐酸(HCl)的办法来清洗。某天正值清洗时,操作工一时没有找到盐酸,就随便拿了一瓶硝酸来清洗。他们不知道硝酸是强氧化剂,一旦进入玻璃管内就会和沾在管壁上的一些有机物发生强烈的氧化还原反应,也可能和玻璃管内的橡皮垫圈等有机物作用。这些反应所产生的大量热量在这么狭小的玻璃管内不可能被散发,热量一旦积累到能点燃玻璃管壁上的易燃有机物的话,就有了明火,顺着连通器继续点燃储罐上方的爆炸体系时,爆炸就发生了。

氧化剂,特别是强氧化剂,遇到还原剂就会发生强烈的氧化还原反应,往往都伴随着释放大量的热,当热量积聚到一定程度,就有可能点燃易燃的有机物。

为此,化学领域有一个强制性规定,无论是生产场地、储存仓库、运输工具、实验室以及化学物品垃圾场等处,氧化剂和还原剂都不能放在一起,以防万一外包装破损而引发事故。在一所大学化学系的垃圾场,一个外来人员为了捡拾玻璃瓶,把残存药品倒在了一起,结果导致一场大火。

强氧化剂通常在分子式中会有多个氧原子,如硝酸(HNO_3)、三氧化铬(CrO_3)、高锰酸钾(K_2MnO_4)、双氧水(H_2O_2)等。在使用和处理这些强氧化剂时,必须小心谨慎。

生活中也常用到一些强氧化剂,如高锰酸钾。人们会用它来洗涤水果,以达到消毒杀菌的目的。比如清洗一串葡萄时,用水冲洗,缝隙中不一定洗得干净,掰开来洗又破坏了葡萄的美感。此时只要在一盆清水中放入几粒高锰酸钾晶体,然后将葡萄放入这盆紫红色的水中,不久水的颜色就会变成淡棕色,这是因为高价锰离子在变为低价时起到氧化作用,将细菌杀死。就是高锰酸钾,如果处理不当,也会引发不可收拾的事故。

小品：高锰酸钾惹的祸！

上海有一家酒精生产厂，采购员买回两千克高锰酸钾，回到厂里时间已晚，因无法入库，就将这些高锰酸钾寄放在车间里。由于寄放的位置正好是在一个阀门下面，这个阀门恰好又是漏的。起先滴在高锰酸钾上的酒精虽与高锰酸钾发生反应，但产生的热量在表面散发，没有发生问题。半夜时滴漏的酒精渗透到高锰酸钾内部，反应产生的热量无法散发，积聚后点燃酒精，引发一场特大的火灾。

在化学物品中，有一些物品能在化学反应的同时发生自燃现象。

(1) 遇水自燃，如金属钾、金属钠等，这些化学物品要保存在煤油里。

(2) 遇空气自燃，如白磷、硫化铁等，白磷必须保存在水中，处理硫化铁时必须将它埋入土中。

第5篇

高分子材料

人类生活的质量几乎完全依赖于自身所拥有的材料。历史的发展也证实了这一点。从石器时代进步到青铜器时代，正是因为人类掌握了冶炼技术，从而获得了金属材料。20 世纪 50 年代，出现了半导体材料，于是我们就有了微型化和便携式的电器。人类在 1910 年就已经由人工合成了第一个高分子塑料——酚醛塑料。60 年代实现了多品种的高分子材料的人工合成，从此，人类社会进入了高分子时代。一种种新材料的出现，让人类社会迈入一个又一个的新时代。可以说，社会的文明和人类的生活质量都依赖于化学制备的新材料。人工合成的高分子化合物品种丰富，传统的三大高分子材料分别为塑料、橡胶、合成纤维(见图 5.0.1)。

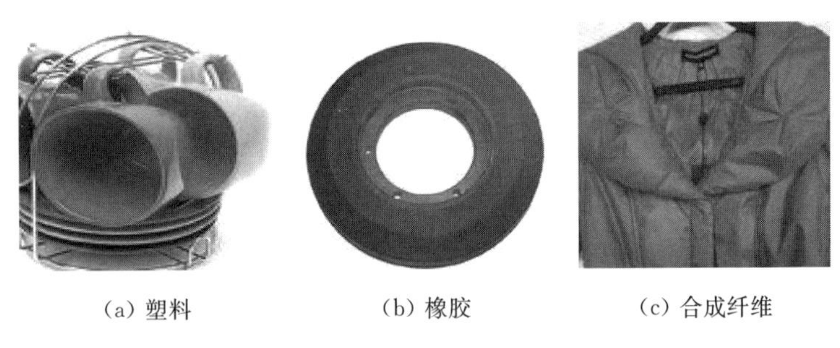

(a) 塑料　　(b) 橡胶　　(c) 合成纤维

图 5.0.1　高分子材料的传统分类

近来又发展了粘结剂、涂料等新材料。如何才能把小分子的化合物变成高分子化合物呢?

§5.1　让小分子变成巨大分子

高分子化合物就是分子特别大的化合物。那么多大的分子量才能算是高分子化合物呢？其实，这里并没有一个量的概念，不是说分子量到某一个数值就是高分子。几乎所有的高分子都是由一个个小的单元结构连接而成的，到了足够长之后，再往上加一个单

元结构已经不影响它的化学和物理性质时，这个化合物就是高分子了。

化学家们利用一些能使分子变大的反应来得到高分子。

5.1.1 加成聚合

在学习烯烃化合物时，烯烃化合物特有的加成反应就是将烯烃中的一个 C═C 键打开，相当于空出两只手，于是就有别的元素或基团可以接上去。这种加成反应就是能使分子变大的反应之一。例如，

$$\mathrm{H{-}CH{=}CH{-}H} + \mathrm{Cl_2} \longrightarrow \mathrm{Cl{-}CH_2{-}CH_2{-}Cl}$$

然而，这样的加成反应是一次性的，所得到的产物离高分子相差甚远，反应又不可能再继续。化学家想出一个绝妙的办法，让所有的乙烯分子全部打开，使它们自己相互连接，这样反应就可以一直进行下去，产物分子不断增长，最终达到高分子的聚乙烯。

$$\mathrm{CH_2{=}CH_2} \longrightarrow \mathrm{{-}CH_2{-}CH_2{-}}$$

$$\downarrow$$

$$\mathrm{{-}CH_2{-}CH_2{-}CH_2{-}CH_2{-}}$$

$$\downarrow$$

$$\mathrm{{+}CH_2{-}CH_2{+}_n}$$

（聚乙烯）

利用加成反应的原理达到聚合的方法称为加成聚合，简称加聚。图 5.1.1 为加聚的示意图。这种加聚反应的一个前提就是原料必须含有碳碳双键。

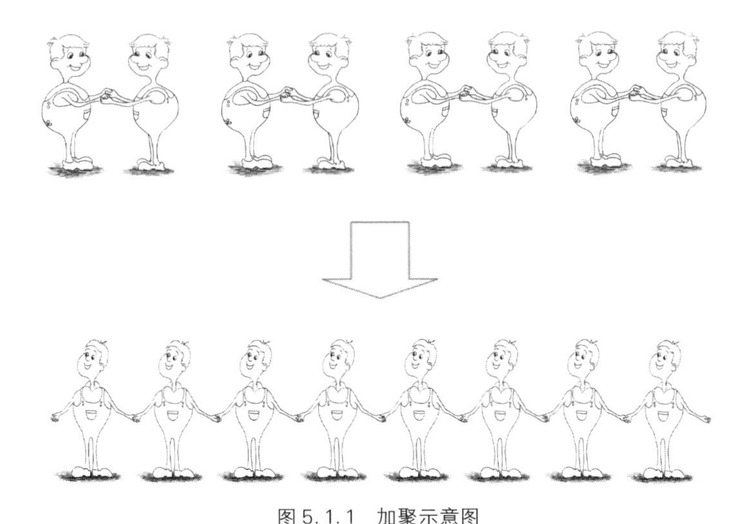

图 5.1.1　加聚示意图

5.1.2　缩合聚合

化学反应中，还有一类反应也能让产物分子变大，那就是缩合反应。所谓缩合反应，即两个反应物缩去一个小分子，然后相互连接成一个较大的分子。例如前面提到的酯化反应：

$$CH_3-\overset{\overset{O}{\|}}{C}-OH + HO-CH_2CH_3 \longrightarrow CH_3-\overset{\overset{O}{\|}}{C}-O-CH_2CH_3 + H_2O$$

（乙酸乙酯）

得到的乙酸乙酯虽然变大，但是绝没有达到高分子的程度。要想继续让它发生酯化反应已经不可能，因为羧基和羟基都已经不存在。为了能让它继续发生酯化反应，一定要让生成的产物中依然保留羧基和羟基，化学家想到使用二元酸和二元醇。

$$\mathrm{HO{-}\underset{\displaystyle}{C}(=O){-}C(=O){-}OH} + \mathrm{HOCH_2CH_2OH}$$

$$\downarrow$$

$$\mathrm{HO{-}C(=O){-}C(=O){-}OCH_2CH_2{-}OH} + \mathrm{H_2O}$$

这时你可以看到，生成的产物酯依然保留了一个羧基和一个羟基，羧基可继续与二元醇酯化，羟基可继续与二元酸酯化，于是酯化反应可一直不断地进行下去，以使产物达到高分子的程度。这种利用缩合反应实现的聚合称为缩合聚合，简称缩聚。图 5.1.2 为缩聚的示意图。

图 5.1.2　缩聚示意图

图 5.1.2 中两位男士两手各拿的一支鲜花，代表了羟基中的氢原子；两位女士两手各拿的一个花瓶，代表了羧基中的“OH”。当女士把花瓶放在地上、男士将花插入花瓶时，他们的双手就空出来，可以相互牵手，从而连接起来。

化学家们就是利用加聚和缩聚这两种方法，合成出许许多多的高分子材料。

§5.2 家中的塑料知多少？

顾名思义，塑料是指可以塑造的材料，或者说具有可塑性的材料，应该包括陶土和石膏之类。而目前塑料的概念已经专指高分子合成材料。所谓可塑性，就是指当材料在一定温度和压力下，受到外力作用时可产生形变，而当外力去除后仍能保持受力时的状态。

高分子塑料具有比重轻、强度高、化学性能稳定、电绝缘性好、耐摩擦等优点。目前已广泛地代替木材、不锈钢、有色金属和部分钢材。其中很多已被用于建筑材料、交通运输工具、化工设备、电器和机械零件，愈来愈成为材料工业中的重要成员。随着科学技术的发展，火箭和宇航飞机等国防和尖端科学所需要的某些特殊塑料，是其他材料所无法代替的。但民用塑料应用最为广泛，在我们家家户户中使用着。

小品：人类第一种合成塑料

1868年人类使用第一种塑料——赛璐珞，迄今为止塑料的历史已有100多年，然而赛璐珞仍然是用天然高分子材料纤维素加工而成。真正由小分子通过化学合成的第一种塑料，应该是1910年问世的酚醛树脂。

这里的"树脂"借用了自然界有些树木所分泌的天然高分子物质树脂的名称，以表示化学合成的原始高分子材料。酚醛树脂是由酚和醛（最简单的是苯酚和甲醛）在酸性或碱性的催化剂作用下，经缩聚反应而制得的树脂，如图5.2.1所示。

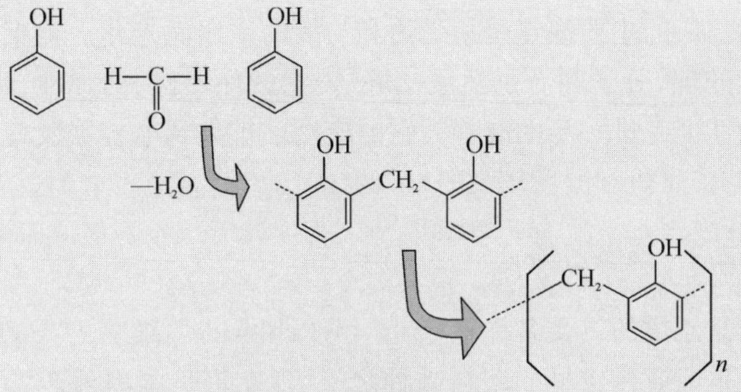

图 5.2.1 酚醛树脂的形成

由于酚醛树脂的绝缘性能特别好，广泛应用于电器零件的制造，它与后来类似的脲醛塑料被统称为“电玉”。直到如今很多电器零件仍用这种塑料制造。

目前全世界已规模生产的塑料品种达 300 余种，所有这些品种我国都能生产，其中产量最大的是聚乙烯和聚氯乙烯。塑料的品种可归为 3 类：通用塑料、工程塑料和特种塑料。常见的通用塑料有聚乙烯、聚氯乙烯、聚丙烯、聚苯乙烯和有机玻璃 5 种。

5.2.1 聚乙烯

聚乙烯的英文名称为“polyethylene”，简称为“PE”。聚乙烯的原料为乙烯，也可以称乙烯为聚乙烯的单体。聚乙烯是饱和烃，结构与石蜡相似，所以化学性质非常稳定，除氧化性酸（如 HNO_3）外，它能耐大多数酸碱的侵蚀。在 60℃以下，不溶于任何溶剂，又因为它的分子链中不含有极性基团，因此吸水性极低，并具有优良的介电性能。

聚乙烯可用一般热塑性塑料的成型方法加工，例如：可用吹塑法制成薄膜，由于不含有害物质，聚乙烯是全球范围允许使用的食品袋等包装材料；可用挤出法制成各种管材、板材、电线绝缘层；可用挤出吹塑法制成各种瓶子、容器、玩具；可用各种涂刮法将聚乙烯涂布于各种纸张或织物表面，或喷涂于金属材料表面成为保护层。

聚乙烯的主要缺点是易受热和与氧的作用而老化。把聚乙烯进行辐射处理，分子间有了适度交联，使它的保形性、回弹性、耐热性、电绝缘性都有进一步的改善。它的应用已扩大到电容器及变压器等绝缘材料、飞机和湿度较高的材料上。

5.2.2 聚氯乙烯

聚氯乙烯的英文名称是"polyvinyl chloride"，缩写为"PVC"。聚氯乙烯是工业化较早的塑料品种之一，现在仍是国内外产量最大的塑料品种。同时，它也是与日常生活关系最为密切的塑料，如雨衣、鞋、提包、台布等。聚氯乙烯的热稳定性较差，在加工中会分解出少量氯化氢和氯乙烯气体，氯乙烯有致癌作用，而氯化氢又是使树脂进一步分解的催化剂。为此，在加工中除加入增塑剂之外，还要加入碱性稳定剂以抑制树脂分解。增塑剂有邻苯二甲酸酯、磷酸酯等，稳定剂有硬脂酸铅、钡、锌盐。根据加入的增塑剂量的多少不同，聚氯乙烯塑料可以加工成硬制品（如板、管）和软制品（如薄膜、日用品）。

聚氯乙烯塑料的突出优点是耐化学腐蚀、不燃性、成本低和加工容易，所以广泛用于制造农用和民用薄膜、导线和电缆、板材管材、化工防腐设备、隔音绝热泡沫塑料、大量的包装材料及日常生活用品。

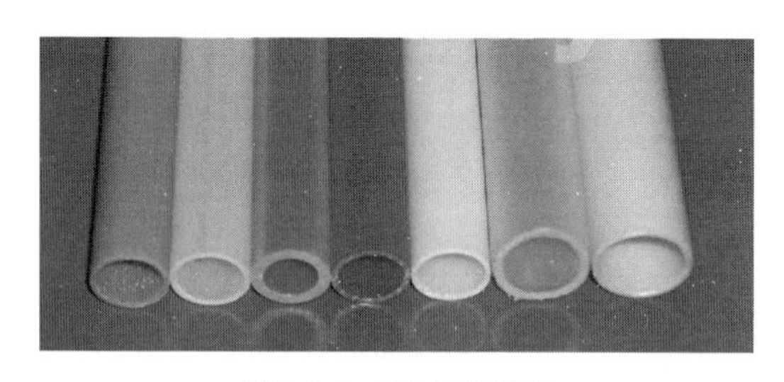

图 5.2.2　聚氯乙烯管材

它的主要缺点是耐热性差，材料在 60℃以上就要变形，韧性不够理想，还有一定的毒性，所以不适宜用于食品包装和儿童玩具的制造。为了克服上述缺点，可用共聚或混聚的方法加以改进。目前已经有无毒聚氯乙烯树脂问世,这无疑扩大了它的应用范围。现也制成管材代替原有的自来水铁管,可以避免铁锈污染水质。

5.2.3 聚丙烯

聚丙烯因其英文名称为“polypropylene”,常用缩写“PP”来表示。聚丙烯通常为半透明无色固体,由于结构规整而高度结晶化,熔点高达167℃,因此耐热、制品可用蒸气消毒是其突出优点。无毒,无味,密度小,强度、刚度、硬度及耐热性均优于低压聚乙烯,可在100度左右使用。具有良好的电性能和高频绝缘性,不受湿度影响,但低温时变脆、不耐磨、易老化。适于制作一般机械零件、耐腐蚀零件和绝缘零件。常见的酸、碱有机溶剂对它几乎不起作用,可用于食具。加入混凝土或砂浆中可有效地控制混凝土(砂浆)固塑性收缩、干缩、温度变化等因素引起的微裂缝。聚丙烯还可制成手拎袋或行李袋等。

5.2.4 聚苯乙烯

聚苯乙烯的英文名称为“polystyrene”,简称为“PS”。聚苯乙烯由于有良好的高频绝缘性能,而且透明无毒,是目前第三大塑料产品。

聚苯乙烯有很好的加工性能,可采用常用的塑料加工方法制成薄膜、容器、玩具、发泡材料等。它也有良好的绝缘性能,常用于电容器绝缘层和电气零件。聚苯乙烯的发泡材料质轻,不透油,不透水,可以用作快餐食品包装材料。然而,由于它不能降解,污染环境,已被禁止使用。

小品:白色污染

20世纪80年代,随着改革开放的逐步深入,人们的生活节奏越来越快,快餐业悄然兴起。经过发泡处理的聚苯乙烯作为快餐的包装盒，立刻占领全部市场。这是因为它具有质轻坚固、卫生干净、不漏不渗、成本低廉等优点。

我国最早引入发泡聚苯乙烯作为快餐盒的是铁路。过去的铁路时速没有现在这么快，旅客通常需要在车上用餐。尽管火车上都有餐车，但是大部分旅客还是不愿意离开放着行李的车厢到餐车去用餐。有了这种快餐盒之后，车上就提供送餐到车厢的服务，受到旅客的欢迎。不幸的是很多旅客吃完之后常常将餐盒随手向窗外一扔，久而久之，铁路两旁就出现了两条白色的“带子”。

人们却不知道聚苯乙烯这种材料有个致命的缺点，就是化学稳定性极好，在自然条件下不会降解。把这种餐盒放在野外，即使100年后仍然是个餐盒，造成严重的环境污染。《人民日报》专门发表文章“白色污染”以引起人们的注意。

为了解决这种白色污染，人们采取下列对策：

(1) 寻找一种能替代聚苯乙烯的材料，这种材料可以在自然条件下发生降解而自行消失。如采用纸浆压成的餐盒，或采用其他可以降解的合成材料。

(2) 对聚苯乙烯餐盒实施回收再利用。将废餐盒回收，经过清洗处理后，再加热熔化即可压制成有用的东西。如4个废餐盒就可以制成一把小学生用的直尺，12个废餐盒就可制成一个笔筒。

(3) 加强环保意识的宣传和教育，不要随意丢弃废餐盒。

5.2.5 有机玻璃

有机玻璃和传统的玻璃毫无关系，从名称上看无法知道它是一种什么样的物质。其实，这种高分子透明材料的化学名称叫聚甲基丙烯酸甲酯，英文简称为“PMMA”，由甲基丙烯酸甲酯聚合而成。这是一种透明材料，其透明度比无机硅酸盐玻璃还要好，同样做成1米厚的材料，无机玻璃已经不透明，但有机玻璃依然透明。

如果在生产有机玻璃时加入各种染色剂，就可以聚合成为彩色有机玻璃；如果加入荧光剂（如硫化锌），就可聚合成荧光有机玻璃；如果加入人造珍珠粉（如碱式碳酸铅），则可制得珠光有机玻璃。有机玻璃在制作模型和广告灯箱上有极广的用途。生活中人们的衣服纽扣和发夹等也都用它来制作。

有机玻璃的相对分子质量大约为200万，是长链的高分子化合物，而且形成分子的链很柔软，因此，有机玻璃的强度比较高，抗拉伸和抗冲击的能力要比普通玻璃高7～18倍。它可用作防弹玻璃、军用飞机的座舱盖。有机玻璃在医学上还有一个绝妙的用处，那就是制造人工角膜。现在用有机玻璃制作的人工角膜已经普遍用于临床。

小品：塑料王

聚四氟乙烯（英文缩写为“PTFE”）的英文商品名为“Teflon”，中文商品名为“特氟隆”、“特氟龙”、“泰氟龙”等，它被美誉为“塑料王”。这是由四氟乙烯经聚合而成的高分子化合物，其结构简式为$\left[CF_2—CF_2\right]_n$。

这种塑料由美国杜邦公司研制成功，由于性能特异而受到人们的青睐。它有以下3个特点：

(1) 耐高温：一般塑料到100℃时就会软化，它却可以耐350℃的高温。难怪产品一问世，就被航天部门所注意。

(2) 耐腐蚀：聚四氟乙烯几乎不受任何化学试剂腐蚀。例如在浓硫酸、硝酸、盐酸，甚至在王水中煮沸，其重量及性能也均无变化，而且它几乎不溶于所有的溶剂，故被称为“塑料王”。

(3) 质地致密光滑：用它做轴承绝对不用加润滑油。

杜邦公司利用聚四氟乙烯的这些特点开发了一款民用产品，受到了全世界的欢迎，那就是“不粘锅”。有了不粘锅，人们在烹饪时就不用担心食物加热时粘锅的问题。

使用这种不粘锅时有两个注意事项：

（1）不能使用铁器。炒菜时必须用木铲，因为聚四氟乙烯涂层极薄，用铁器容易造成划痕。

（2）涂层虽能耐高温，但绝不能将不粘锅放在煤气灶上空烧（煤气火焰温度可达 700℃左右），只要锅中有水或油以及菜，就没问题。

小结：几种塑料的单体和聚合物

	单体	聚合物
聚乙烯	$CH_2=CH_2$	$\left[CH_2-CH_2\right]_n$
聚氯乙烯	$\underset{\displaystyle Cl}{\underset{\mid}{CH}}=CH_2$	$\left[\underset{\displaystyle Cl}{\underset{\mid}{CH}}-CH_2\right]_n$
聚丙烯	$\underset{\displaystyle CH_3}{\underset{\mid}{CH}}=CH_2$	$\left[\underset{\displaystyle CH_3}{\underset{\mid}{CH}}-CH_2\right]_n$
聚苯乙烯	$\underset{\displaystyle C_6H_5}{\underset{\mid}{CH}}=CH_2$	$\left[\underset{\displaystyle C_6H_5}{\underset{\mid}{CH}}-CH_2\right]_n$
有机玻璃	$CH_2=\overset{\displaystyle CH_3}{\overset{\mid}{\underset{\displaystyle \underset{\displaystyle \underset{\mid}{C=O}}{}\; O-CH_3}{\underset{\mid}{C}}}}$	$\left[CH_2-\overset{\displaystyle CH_3}{\overset{\mid}{\underset{\displaystyle \underset{\displaystyle \underset{\mid}{C=O}}{}\; O-CH_3}{\underset{\mid}{C}}}}-\right]_n$
聚四氟乙烯	$CF_2=CF_2$	$\left[CF_2-CF_2\right]_n$

§5.3　共聚开创新天地

加聚需要带有碳碳双键的原料，为此，高聚物的数量和品种就受到限制。如果把两种以上的烯键化合物放在一起聚合，又会出现什么样的情况呢？科学家们的研究告诉我们，结果好极了！例如，当他们把几个不同的烯烃原料放在一起进行聚合，因为烯烃都有碳碳双键，打开一个键后就可以相互连接而成为高聚物。ABS塑料就是一个极好的例证："ABS"是丙烯腈、丁二烯和苯乙烯的三元共聚物，"A"代表丙烯腈，"B"代表丁二烯，"S"代表苯乙烯，如图5.3.1所示。

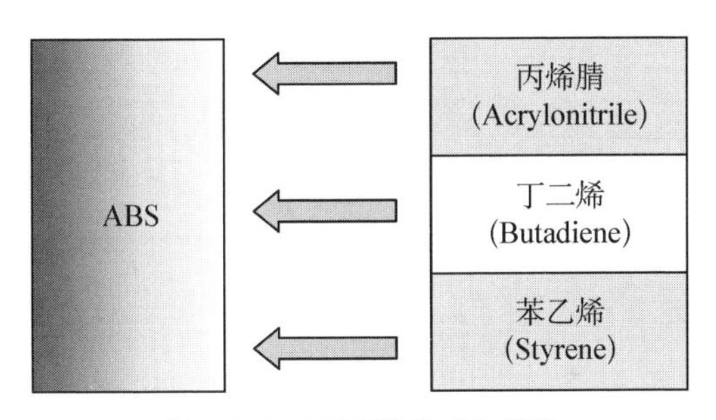

图5.3.1　3种原料的ABS塑料

每种单体都具有不同特性，从形态上看，ABS塑料是非结晶性材料，这就决定了它的耐低温性、抗冲击性、外观特性、低蠕变性、优异的尺寸稳定性及易加工性等。且ABS塑料的表面硬度高、耐化学性好，同时通过改变上述3种组分的比例，可改变ABS的各种性能，故ABS工程塑料具有广泛用途。由于其具有韧、刚、硬的优点，应用范围已远远超过聚苯乙烯，成为一种独立的塑料品种。ABS既可用于普通塑料，又可用于工程塑料。用ABS塑料制作的密码箱是大家比较熟悉的民用产品。

由两种以上原料进行的加聚，又被称为共聚。它可以通过原料的排列组合，扩大了加聚的原料来源，更可以将不同原料的特点结合在一起，提高了高聚物的性能。使用过密码箱的人都知道，它虽然轻巧,但很坚固;体积虽小,但因为有弹性,容量很大;颜色亮泽;不易老化。这些性能源自 3 种原料,这就是共聚所特有的优点。图 5.3.2 为共聚的示意图。

图 5.3.2 共聚示意图

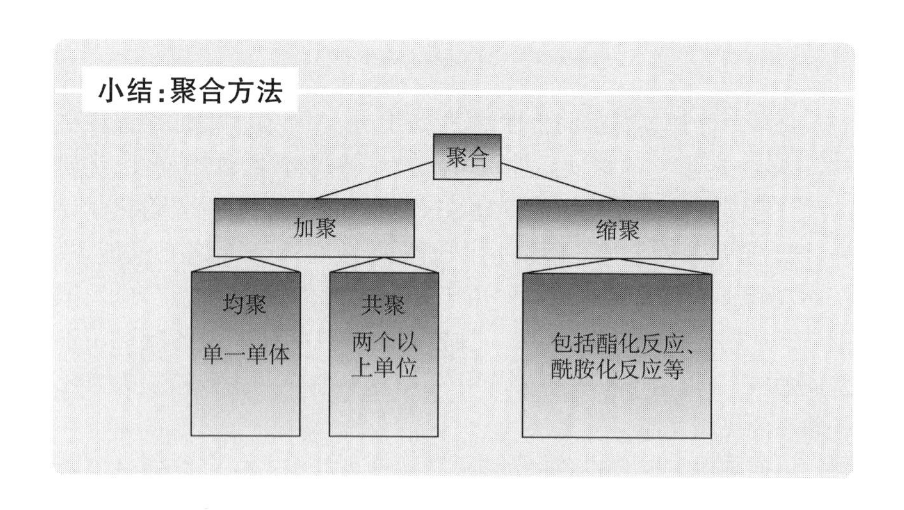

链接：塑料制品的代码

市场上出售的塑料制品都被要求标上代码，例如塑料容器的底部都会有一个三角形，中间有一个数字，这个数字就代表了各种不同的塑料。其代码的含义如下：

聚酯	高密度聚乙烯	聚氯乙烯	聚乙烯	聚丙烯	聚苯乙烯	聚碳酸酯及其他

我们在采购塑料制品时，可以根据底部的数字来加以识别。

§5.4　穿在身上的高分子

人类穿衣原本是为了保温御寒，随着社会的进步，穿衣同时也是文明的标志，而现代人的穿衣又增加了美化和装饰自己的含义，为此人类对衣着的要求也愈来愈高。自然界能提供给人类的衣着材料极为有限，植物性的只有棉花和麻，动物性的也只有羊毛和蚕丝，如图 5.4.1 所示。

(a) 棉花

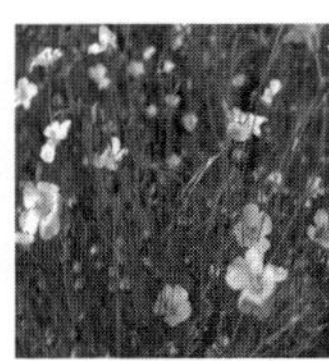
(b) 麻

(c) 羊毛

(d) 蚕丝

图 5.4.1　自然界提供的衣着原料

这 4 种材料都和土地有关。随着人口不断增加，可耕地面积日益减少，这些材料显然不能满足人类要求。人们希望化学家们能合成出更多的衣着材料来，于是就出现了人造纤维和合成纤维。要合成出衣着材料，首先要了解像棉花这类物质的具体成分。

5.4.1 棉花是糖类化合物

化学家们的研究表明，棉花属于碳水化合物。碳水化合物亦称糖类化合物，是自然界存在最多、分布最广的一类重要的有机化合物。主要由碳、氢、氧所组成。葡萄糖、蔗糖、淀粉和纤维素等都属于糖类化合物。糖类化合物可分为单糖、低聚糖和多糖。如大家熟悉的葡萄糖、果糖和核糖就是单糖。

$$
\begin{array}{rcl}
 & \mathrm{CHO} & \\
 & | & \\
\mathrm{H}- & \mathrm{C} & -\mathrm{OH} \\
 & | & \\
\mathrm{HO}- & \mathrm{C} & -\mathrm{H} \\
 & | & \\
\mathrm{H}- & \mathrm{C} & -\mathrm{OH} \\
 & | & \\
\mathrm{H}- & \mathrm{C} & -\mathrm{OH} \\
 & | & \\
 & \mathrm{CH_2OH} & \\
\end{array}
\qquad
\begin{array}{rcl}
 & \mathrm{CH_2OH} & \\
 & | & \\
 & \mathrm{C{=}O} & \\
 & | & \\
\mathrm{HO}- & \mathrm{C} & -\mathrm{H} \\
 & | & \\
\mathrm{H}- & \mathrm{C} & -\mathrm{OH} \\
 & | & \\
\mathrm{H}- & \mathrm{C} & -\mathrm{OH} \\
 & | & \\
 & \mathrm{CH_2OH} & \\
\end{array}
\qquad
\begin{array}{rcl}
 & \mathrm{CHO} & \\
 & | & \\
\mathrm{H}- & \mathrm{C} & -\mathrm{OH} \\
 & | & \\
\mathrm{H}- & \mathrm{C} & -\mathrm{OH} \\
 & | & \\
\mathrm{H}- & \mathrm{C} & -\mathrm{OH} \\
 & | & \\
 & \mathrm{CH_2OH} & \\
\end{array}
$$

（葡萄糖）　　（果糖）　　（核糖）

为什么称它们为糖类化合物呢？这是因为与它们的结构中含有 OH 基团有关。在化合物中，OH 基团愈多，就愈甜。例如，乙二醇有两个 OH 基团，它有点甜，俗名为“甘醇”；丙三醇有 3 个 OH 基团，就更甜，俗名为“甘油”；可以看到葡萄糖和果糖中的 OH 基团更多，所以也就更甜。低聚糖通常是指有 6 个以下单糖聚合而成的化合物，如平时家中吃的蔗糖就是由一个葡萄糖和一个果糖构成的二聚糖。棉花为多聚糖，是由许许多多的葡萄糖相连而成的纤维素线性长分子，几个纤维素分子扭合在一起就成为肉眼可见的纤维。

葡萄糖也可用环式结构来表示：

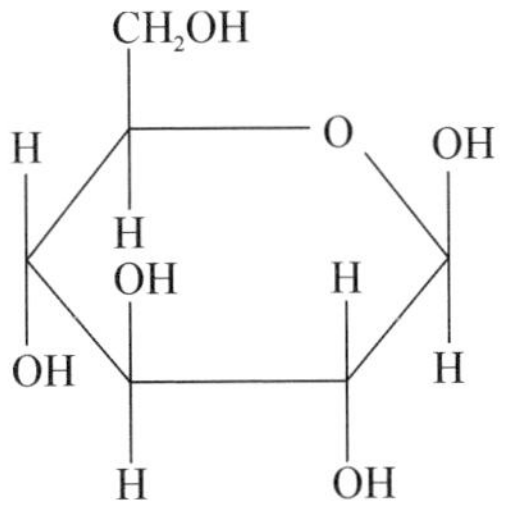

（葡萄糖）

两个环式结构的葡萄糖通过 OH 基团脱水就能连接在一起，无数个葡萄糖相连就形成了纤维素：

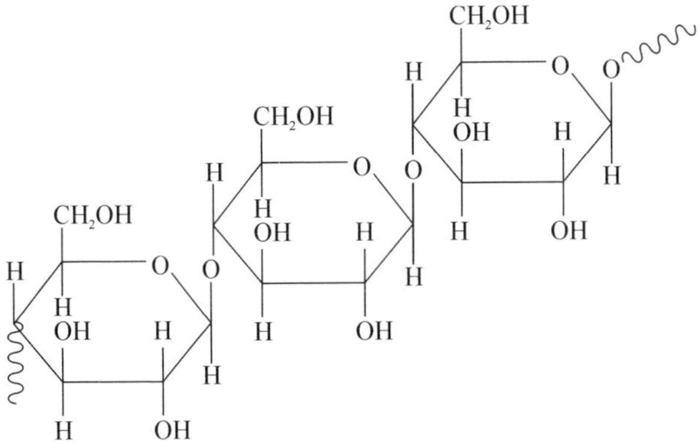

（纤维素）

纤维素的分子量极大，可达到 200 万左右，所以说棉花就是天然高分子化合物。

要想合成出衣着材料，就必须合成出像棉花那样的线性长分子。然而，在研究棉花的时候，化学家们却发现了一个令人不解的困惑：那就是自然界中与棉花一样由纤维素构成的物质很多，如木头、树皮、麦秆等，它们为什么不能纺纱织布成为衣着原材料呢？要知道它们的数量大大超过棉花，这么多和棉花结构相似的东西不加以利用岂不很可惜？如果能将后者改造成可以纺纱织布，那么人类的衣着材料就丰富多了。经过研究分析，化学家终于找到了其中的原因，同时也找到了改造的办法，为人类开创了数量巨大的衣着原材料。

5.4.2 人造纤维

化学家终于明白，能否纺纱织布决定于纤维素在形成纤维过程中的绞合状态。棉花和麻的纤维在绞合之后依然细长而柔软，于是就能纺纱；可是木头之类的纤维却是刚性的，所以不能纺纱。

如何利用这些天然的纤维素，成为化学家们首先要解决的问题。同是纤维素构成的木头、树皮、麦秆等为什么不能纺纱织布？原因是它们的纤维之间的构型不同。若能用化学的方法，把它们原来的构型破坏掉，再造成新的构型，这样是否可行？化学家们决定用化学的方法去改造它们，果然获得成功，一种新的衣着材料人造粘胶纤维出现了。具体方法如下：

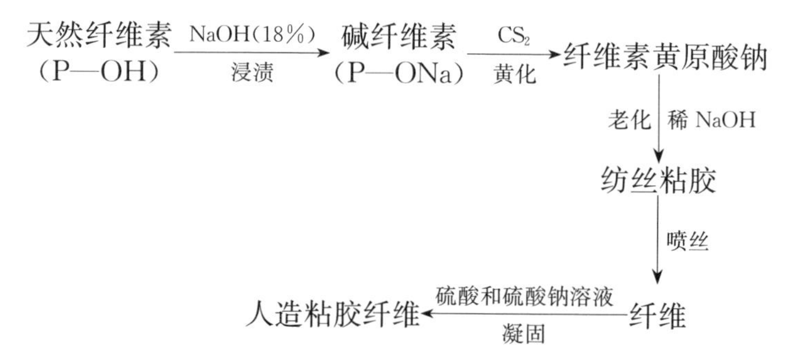

用这种材料可以制成各种不同的纺织品：

长丝＋蚕丝——绸缎

长丝＋棉花——线绨

短丝＋棉花——人造棉

短丝(羊毛长短)——人造羊毛

由人造纤维制成的衣着材料有其优点：柔软、轻飘、舒适、色彩鲜艳、价廉物美，但也有其缺点：缩水性大、定型性差、易绉。

为此，要对这些纺织材料进行后处理加工以求得到质量更高的纺织品。有人将它溶于铜氨溶液(氢氧化铜氨溶液)中再纺丝，便可制得颜色洁白、光泽柔和、手感柔软的优质人造棉——铜氨纤维。也有人在其中加入高分子树脂，制得的衣料克服了某些原本的缺点，称作“富强纤维”(富纤)。再有,用棉子绒为原料、经醋酐处理的人造棉称为“醋酸纤维”。

有了人造粘胶纤维,人类的衣着原材料就丰富多了,目前这种衣料占总衣料的1/3左右。

这种材料称作人造纤维,其实并不十分确切,因为这种材料本身就是天然纤维,确切地说应该是改造纤维或再造纤维。真正由人制造出来的纤维应该是用化学方法合成出来的纤维。

小品:18世纪的梦

1734年的一个夏天,法国物理学家兼生物学家雷阿莫收到一封极不寻常的来信。打开信封仅仅有一页短信,信纸中却附着一张非常精细的纺织材料,它极为透明,使人爱不释手。雷阿莫迫不及待地读起来信,信中说:“尊敬的雷阿莫阁下,我知道您对自然科学和昆虫学有着极大的兴趣,今特奉上我自己用蜘蛛丝织成的一块织物供您欣赏,希望您能喜欢它。”

雷阿莫立即被这块透明而又极轻的材料所吸引,立刻就想到它能不能代替蚕丝。当时欧洲人特别喜欢丝绸织物,而丝绸必须从东亚进口,光路上运输就要好几个月,价格十分昂贵,只有贵族们才能享受得起。欧洲没有桑树,当然也就没法拥有蚕桑业。如果蜘蛛丝能代替蚕丝当然是求之不得的好事,因为蜘蛛到处都有。根据测定,若把蜘蛛丝纺成带子,其强度是皮带的6倍。

雷阿莫计算了全法国的蜘蛛数量,发现其总量还不足以开办一个最小的工厂。那么就办蜘蛛养殖场(像中国人养蚕一样)。再一想又不对了,因为蜘蛛是要吃苍蝇的,除非再办苍蝇养殖场。苍蝇又要有特殊的食物,显然这是昂贵和不现实的。在不得不放弃这个念头之后,雷阿莫又想,蚕丝到底是如何产生的?他解剖了蚕,发现蚕体两边各有一个腺体,内有深绿色黏稠的液体,并有一根细管通向蚕嘴。原来制造蚕丝的原料就是桑叶被嚼碎后的液体。雷阿莫找来一些桑叶,将它们捣碎后挤出液体,浓缩后再去纺丝。可以想象他肯定失败,要不然中国人就不需要养蚕了。

以后,科学家们又分析了蚕腺体内液体和桑叶的化学成分,发现前者比后者多了元素氮。为了补充氮元素,他们在桑叶液中加入了硝酸。使他们感到欣喜的是,得到的产物竟能溶解在醇和酯的混合物中,他们以为蚕丝即将被制造出来,但是分析表明这种产物仅仅是硝酸和纤维素的结合产物,硝酸并没有破坏纤维素的结构。它们不可能成为蚕丝,试验仍以失败告终。

科学正是在科学家们的想象、试验、失败、再试验的循环往复中发展起来的。后人一定能圆18世纪科学家们的梦。

5.4.3 合成纤维

合成纤维是通过化学反应将小分子聚合成高分子的,它才是真正的人造纤维,然而人造纤维的名字已经用过,只好称它为合成纤维了。由加聚而得到的聚丙烯腈就是合成纤维之一。

1. 腈纶

合成腈纶的原料是丙烯腈,将分子中双键内的一个键打开,相互连接起来就成为聚丙烯腈。国家纺织部规定,凡合成纤维必须以"纶"命名,于是取名"腈纶"。国外则称为"奥纶"、"开司米纶"。

聚丙烯腈纤维的性能极似羊毛,弹性较好,伸长20%时回弹率仍可保持65%,蓬松卷曲而柔软,有易染、色泽鲜艳、耐光、抗菌、不怕虫蛀等优点,保暖性比羊毛高15%,有"合成羊毛"之称。聚丙烯腈纤维的性能极似羊毛,根据不同的用途和要求,可纯纺或与天然纤维混纺,其纺织品被广泛地用于服装、装饰、产业等领域。

2. 涤纶

20世纪60年代初的夏日,服装商店的橱窗里挂出一件让人注目的白衬衣。它洁白笔挺,薄到半透明的程度。旁边的牌子上显目地写着"'的确凉'新款衬衣"。衬衣虽然价格不菲,但仍具有极大的诱惑力，夏天有谁不想穿凉快的衣服呢？因为从未见过，人们纷纷猜测这究竟是什么衣料制作的。

现在我们已经知道，这种衣料就是涤纶，或者叫聚酯。之所以叫涤纶，是因为当时进口的涤纶商品名为“dacron”，是按商品名第一个音节的发音来命名的。

如前所叙，腈纶是用加聚的方法合成的，而涤纶则是用缩聚的方法合成的。涤纶的原料为对苯二甲酸和乙二醇。对苯二甲酸的结构式如下：

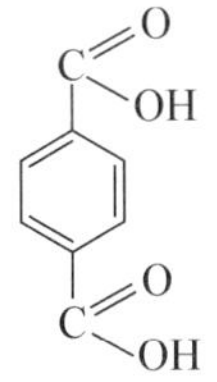

（对苯二甲酸）

在苯环上有两个羧酸，且在苯环的对位上，所以称作对苯二甲酸。二甲酸就已经符合缩聚的条件。和乙二醇发生酯化反应，得到的产物乙酸乙酯上仍然保留一个羧基和一个羟基，它们能继续与二元酸和二元醇不断发生酯化反应，就能聚合成涤纶：

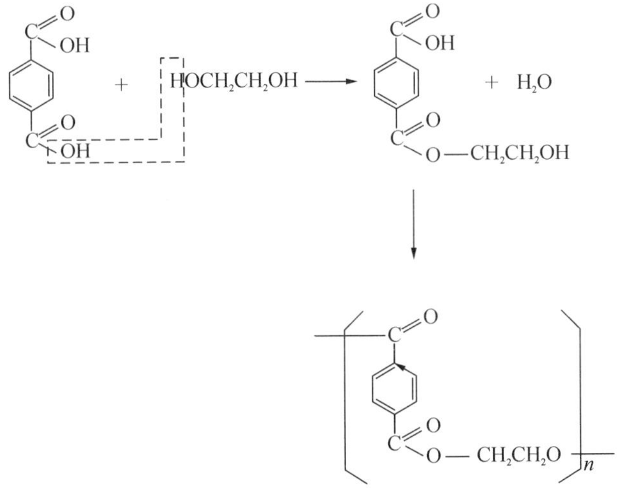

$HOCH_2CH_2OH$ 　 H_2O 　 $O—CH_2CH_2OH$ 　 $O—CH_2CH_2O$

涤纶面料是日常生活中用得非常多的一种化纤服装面料。其最大的优点是抗皱性和保形性很好,适合做外套服装。一般,涤纶面料具有以下 4 个特点:

(1) 涤纶织物具有较高的强度与弹性恢复能力。因此,坚固耐用,抗皱免烫。

(2) 涤纶织物吸湿性较差,穿着有闷热感,同时易带静电、沾污灰尘,影响美观和舒适性。不过洗后极易干燥,不变形,有良好的洗后不久就可穿的特点。

(3) 涤纶织物的抗熔性较差,遇着烟灰、火星等易形成孔洞。因此,穿着时应尽量避免烟头、火花等的接触。

(4) 涤纶织物耐各种化学品性能良好。酸、碱对其破坏程度都不大,同时不怕霉菌,不怕虫蛀。

为了克服缺点,涤纶常与天然织物混纺,与棉混纺就是涤棉,与羊毛混纺就是涤毛,这些混纺面料更受大众欢迎,因为它保留了两者的优点。

3. 尼龙(锦纶)

一块衣料色泽鲜亮、手感柔滑且有弹性,令人爱不释手。有人立刻会想到这是做内衣的理想材料,因为大家都知道内衣最好柔滑贴身且有弹性,而这块衣料正好具备这些优点。于是,马上就有这样的内衣问世。人们穿上这种内衣之后才发现,它完全不透水,也不透气,人就像被严严实实地裹了起来,闷热难耐。这衣料并不合适做内衣。

这就是美国杜邦公司开发的聚酰胺,俗称“尼龙”(Nylon),英文名为“polyamide”(简称“PA”)。由名字可知,这是由一种叫酰胺的单元结构连接起来的高分子化合物。

链接:酰胺

在有机化合物中有一个功能基团叫酰基,它的结构如下:

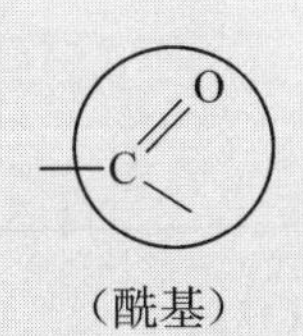

（酰基）

圆圈内碳原子上的一个空键会和另一个碳原子或碳链相接，还留下一个空键，这就是酰基。如果在这个空键上接一个氢原子，就成了醛基；接一个 OH 基，就成了羧基；接一个胺基（NH_2），就成了酰胺基。

$$-C(=O)- \qquad -C(=O)-H \qquad -C(=O)-OH \qquad -C(=O)-NH_2$$

（酰基）　（醛基）　（羧基）　（酰胺基）

如果是 5 个碳链长的烃基接一个酰胺基，总共有 6 个碳原子，就是己酰胺：

$$C-C-C-C-C-C(=O)-NH_2$$

（乙酰胺）

能发生缩合反应的不仅是有机酸和醇之间的酯化反应，有机酸和有机胺也会发生缩合反应。例如：

$$R-C(=O)-OH + H_2N-R \longrightarrow R-C(=O)-NH-R + H_2O$$

这个反应称为酰胺化反应。反应式中的“R”指碳或者碳链的有机基团。有机酸脱去一个 OH 基，胺基上脱去一个 H 与之形成水，余下的相连就是酰胺。与酯化反应相同，要想让酰胺化一直进行，必须使用二元酸和二元胺，即：

$$HOOC{-}(CH_2)_4{-}COOH + H_2NCH_2{-}(CH_2)_4{-}NH_2 \longrightarrow HO{-}\underset{\underset{O}{\|}}{C}{-}(CH_2)_4{-}\underset{\underset{O}{\|}}{C}{-}NH{-}(CH_2)_6{-}NH_2$$

如果是 n 个二元酸和 n 个二元胺发生反应，就形成高分子化合物聚酰胺。

$$nH_2N(CH_2)_6NH_2 + nHOOC(CH_2)_4COOH \longrightarrow \left[HN(CH_2)_6NH\underset{\underset{O}{\|}}{C}(CH_2)_4\underset{\underset{O}{\|}}{C} \right]_n$$

聚酰胺主要用于合成纤维，拉制的纤维具有丝的外观和光泽。尼龙的最大优点是强度大、弹性好、耐摩擦、耐腐蚀和不受虫蛀。其强度比棉花大 2～3 倍，耐磨是棉花的 10 倍，还要比棉花轻 35%。尼龙的缺点则是耐光性差，长期光照则发黄，强度下降；其次它的吸湿性差，透气性更差，不适宜作内衣。

由于尼龙的强度极大，尼龙绳的强度比同样粗的钢丝绳还要大，因此被制成缆绳，广泛应用在船舶上。渔线和渔网也已全部用尼龙丝来做。用尼龙丝制成的拎袋，承载量很大。虽然尼龙的透气性差，依然成为女性透明丝袜的主要材料，就是因为它有很强的牢度。虽然尼龙不适宜做内衣，但做外衣却有独到的优点：耐磨，保暖，防水，质轻。

尼龙的另一个应用是作为降落伞的面料，这在军事上尤为重要。大家知道，伞兵常被降落在敌人后方，降落后需要立即隐蔽。以往降落伞面料选用很厚的布，以防气流冲破伞面而使伞兵直坠地面。由于布料很厚，体积较大，分量也重，降落后伞兵把降落伞收起或者埋入地下都很困难。改用尼龙面料之后，一切都变得简单多了。

链接：氨、胺和铵

三价的氮原子与3个一价的氢原子相连接，得到的是NH_3。由于常温常压下它是气态物质，所以它的名字就叫“氨”。如果失去一个氢原子，就成了$-NH_2$，这就是氨基。

如果这个氨基与一个有机基团相连接，就用“胺”来命名，表示这是一个有机胺。如甲胺(CH_3NH_2)。

如果氨得到一个氢原子，成为NH_4^+。这是一个带有正电荷的离子，与金属离子相似，就称它为“铵离子”。如氯化铵(NH_4Cl)。

高分子材料的发展日新月异，除传统的3大类之外，又出现了像粘结剂、涂料等很多新品种，这就需要我们去学习一些化学知识，才能理性地去认识和使用这些材料。

第6篇 表面活性剂

§6.1 表面活性剂

6.1.1 何为表面活性剂?

什么是表面活性剂? 它和洗涤剂、化妆品有什么关系? 其实,我们每天都在使用各种表面活性剂,如肥皂、洗衣粉等。为什么把它们叫做表面活性剂呢? 这还得从水的表面张力说起。

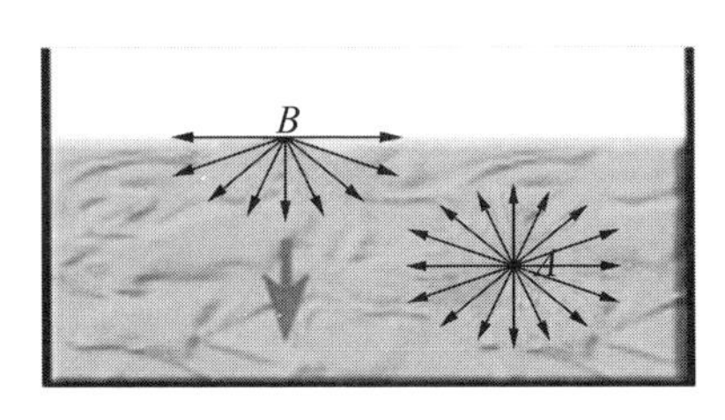

图 6.1.1 水的表面张力示意图

如图 6.1.1 所示,在水槽内的水面下任取一个水分子 A,它会受到来自四面八方的水分子对它的作用力,由于所受四周邻近相同分子的作用力是对称的,各个方面的力彼此抵消,合力等于零;但是水的表面层的分子(如 B),它会受到来自下方水分子的作用,但上方却没有水分子作用,最终它受到一个将它拉向下方的合力。

所有液体表面的分子都会被"拉"下去,然而,物体不可能没有表面,于是表面缩小到不可能再小为止,所以液体表面都有自动收缩成最小表面的趋势。反过来说,如果要把一个分子从内部移到界面,就必须克服体系内部分子的拉力而对体系做功,这就称为表面功。或者说表面上存在一种张力,这就是表面张力。

图 6.1.2 所示的实验可以演示表面张力的存在。

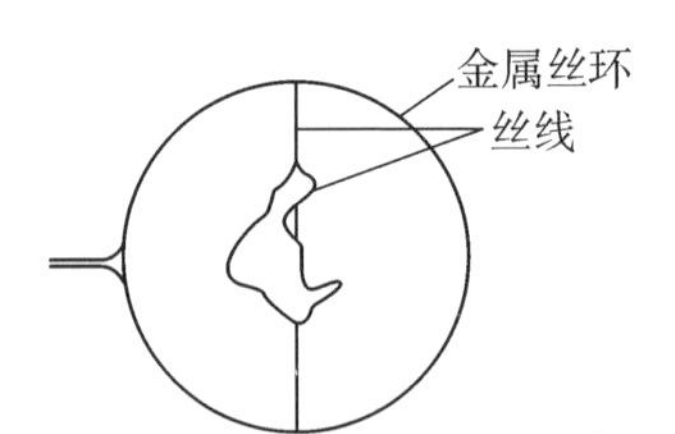

(a) 丝线圈内肥皂水膜未被刺破时

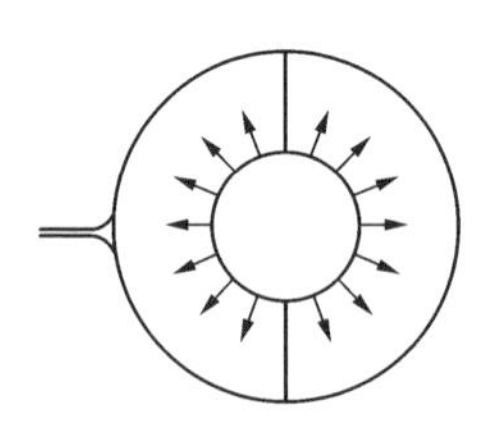

(b) 丝线圈内肥皂水膜被刺破后

图 6.1.2 金属丝环和软丝线圈浸入肥皂液中的状态

在图 6.1.2 中,有一个金属丝环,环上系有一个丝线圈,把金属环连同丝线圈一起浸在肥皂液中,取出后环中形成一层液膜。这时丝线圈在液膜上可以自由游动,如图 6.1.2(a)所示。如果把丝线圈内的液膜刺破,丝线圈即被弹开形成圆形,如图 6.1.2(b)所示,就好像液面对丝线圈沿着环的半径方向有向外的拉力一样,如图中箭头所指。由此可以推测,当丝线圈内液膜未被刺破时,丝线也同样会受到拉力,只是由于丝线两侧均有液膜,其拉力相互抵消。

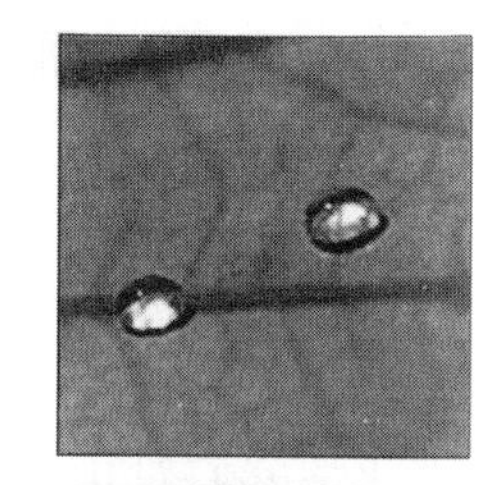

图 6.1.3　荷叶上的水珠

生活中表现出表面张力的例子有很多,例如,水在荷叶上会形成水珠(见图 6.1.3),雨水的形状也是水珠,为什么不是别的形状呢?这是因为同样体积的情况下,球形的外表面积最小。水力图保持表面积最小,于是成为球形。

物理学中把这种导致液体表面具有自动缩小趋势的收缩力称为表面张力。表面张力是物质的特性,其大小和温度与界面两相物质的性质有关。

实验:不沉的回形针

准备一盆清水和一枚回形针,将回形针小心翼翼地平放在平静的水面,它就会浮在水面上而不下沉。这是因为水分子产生的表面张力,把回形针给"撑"了起来。滴几滴洗洁精在水中,你会见到回形针沉下去了。这是因为洗洁精会显著地降低水的表面张力(见本篇后面的介绍),失去了表面张力的支撑,于是回形针就沉入盆中。

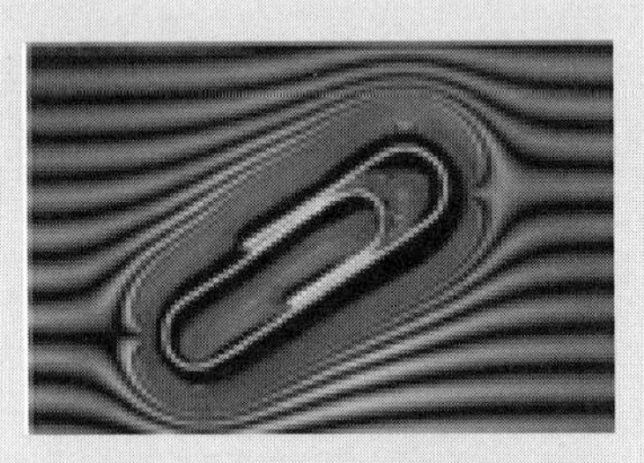
图 6.1.4 不沉的回形针

表面张力虽然是物理学的研究内容,但是化学家们对化学物质对表面张力的影响也很有兴趣。他们想知道,当化学物质溶于水中时,水的表面张力会有变化吗?经过研究发现化学物质对表面张力的影响,可以分为3类,如图 6.1.5 所示。

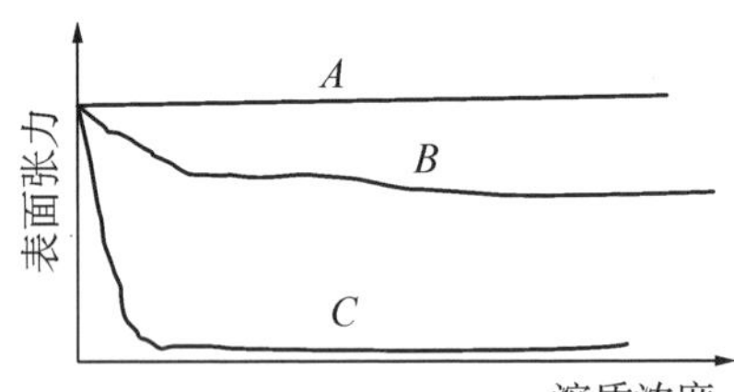

图 6.1.5 溶质对表面张力影响的示意图

我们大致可以把化学物质分为 3 种类型:

(1) 溶于水中后表面张力几乎没有变化,甚至还有增加,这些化学物质基本都是无机物;

(2) 溶于水中后表面张力略有下降,但幅度不大,这些化学物质是较小的有机物(如酒精等);

(3) 溶于水中后表面张力大大降低,甚至降到接近于零,这些化学物质通常为较大的有机物,常带有一个含 8 个以上碳原子链长的有机物。

人们往往把那些明显降低水的表面张力的有机物叫做表面活性剂。这种有机物具有两亲性质的结构。所谓两亲性质就是分子中同时含有亲水的极性基团和憎水(亲油)的非极性碳链或环。以脂肪酸为例,它的结构如下:

$$CH_3(CH_2)nCH_2C\begin{matrix}\nearrow O \\ \searrow OH\end{matrix}$$

(脂肪酸)

之所以称它为脂肪酸,是因为自然界的脂肪大多具有较长的碳链,化学家们常以脂肪来统称长碳链。化学中有一条通则,叫“相似相溶”或“相似相亲”,即结构相似的物质可以相互溶解,相互亲近。那么脂肪酸里的长碳链烃基属于有机物质,它当然与有机物质相亲,我们称它为“亲油基团”。请把这里的油理解为有机物质,也可以称它为“憎水基团”。而脂肪酸中的羧基与水的结构相似,于是可称为“亲水基团”。一个同时具有亲油基团和亲水基团的物质就是两亲物质。

小结:表面活性剂

现在我们可以对表面活性物质下一个完整的定义:表面活性剂就是一种能显著地降低液体表面张力的物质,且在结构上带有两亲基团的化学物质。

6.1.2 表面活性剂的功能

1. 发泡作用

生活经验告诉我们,用一支麦管蘸了自来水是吹不出泡来的,但是蘸了肥皂水就能吹出泡来。为什么呢?原来吹泡是一个扩大表面的过程,肥皂是表面活性剂,就会显著降低水的表面张力,使表面的扩大变得轻而易举,也就能吹出泡来。

生活中利用表面活性剂的这一性能有许多应用。例如，泡沫灭火器将表面活性剂放入水中，可以改善灭火的效果；在浴缸的水中放入表面活性剂，可以形成泡沫浴。

2. 润湿作用

当你将一件染上油垢的衣服浸入水中时，常会发现油垢附近的衣料没被水浸润，这就会影响衣服的洗净。怎样才能消除这种现象呢？再如，喷洒农药杀虫时，农药常会形成水珠而掉入土中，使农药的使用效率大大降低。怎样才能让农药溶液均匀地铺在植物的叶面上呢？

表面活性剂可以帮助解决上面的这些问题。当你把带有油垢的衣服浸入肥皂水时，肥皂的亲油基团立刻会被吸引，于是和亲油基团相连的亲水集团也被带过去，同时把大量的水也带过去，结果油垢周围的衣料全都被水浸湿，这样就容易把衣服洗干净。当你在配好的农药中加入一点表面活性剂，洒在植物叶面上的农药水就会均匀地平铺在叶面上，而不是变成水珠滚落入土中，待水蒸发后农药就会留在叶面上。

这两种情况表明水和别的物体形成了良好的润湿。这种固体表面上一种流体(如空气)被另一种流体(如水)所取代的现象称为“润湿”，通常把能增强水或水溶液取代固体表面空气能力的物质称为“润湿剂”。

3. 增溶作用

在一支试管中放入一半水，再倒入一半苯，塞住试管口并用力摇晃，这时你看到两者似乎溶为一体。但如果把试管放在桌子上静置片刻，立刻就可以看到苯浮在上面，水沉在下面，明显分成两层，说明两者是不相溶的。但是，如果试管中一半是苯，另一半是肥皂水，开始可能也是分层的，用力摇晃就会成为均匀的一体，再也不会分层，这说明苯已经溶解在肥皂水中。

非极性的碳氢化合物(如苯等)不能溶解于水，却能溶解于浓的肥皂溶液，这种现象叫做增溶作用。增溶作用的应用极为广泛。例如去除油脂污垢的洗涤作用(去除油垢的洗涤作用较为复杂，与肥皂或洗涤剂的润湿作用、增溶作用和乳化作用等都相关，增溶作用只是去除油垢的洗涤作用中很重要的一个部分）。工业上合成丁苯橡胶时，利用增溶作用将原料溶于肥皂溶液中再进行聚合反应。增溶作用还可以应用于染色，例如橙色 OT 染料在胶体电解质溶液中被增溶后，就可以透入并溶于橙皮的蜡质外层，使橙子的色泽鲜艳。纤维的染色也是如此。此外，增溶作用也用于农药以增加农药杀虫灭菌的功能，在医药方面也有所应用。

小品：拔河比赛

无论是肥皂还是洗衣粉，之所以能洗下油垢，利用的就是表面活性剂的增溶作用。为什么表面活性剂都有去污作用呢？这是由它们的结构决定的。首先它们有亲水基团，所以可以溶于水，但是它们又有亲油基团，在溶于水时虽然这些亲油基团老大不情愿，可又不得不跟着下水。它们一定会想方设法地离开水，要离开水就意味着要跑到表面上去，所以表面活性剂溶液存在一种扩大表面的潜在倾向，只要稍有外力作用，就会里应外合地将表面扩大，这就是为什么表面活性剂会显著降低水的表面张力的原因。

当你将一件带有油垢的衣服浸入肥皂水时，在水溶液中所有亲油基团全都会被油垢所吸引，于是你就看到一场拔河比赛：衣服上的油垢拉着亲油基团，而亲油基团又被亲水基团拉着，亲水基团则被水拉着；由于水量占有绝对优势，其结果一定是大量的水把衣服上的油垢拉下来，由此可见表面活性剂的洗涤功能。

4. 乳化作用

将两种不相混溶的液体放在一起搅拌时，一种液体成为液珠分散在另一种液体中，形成乳状液，这种过程称为“乳化”。表面活性剂就是能使油、水两相发生乳化，形成稳定乳状液的物质。如图 6.1.6 所示，形成乳状液有两种不同的方式，即“油包水”或“水包油”。

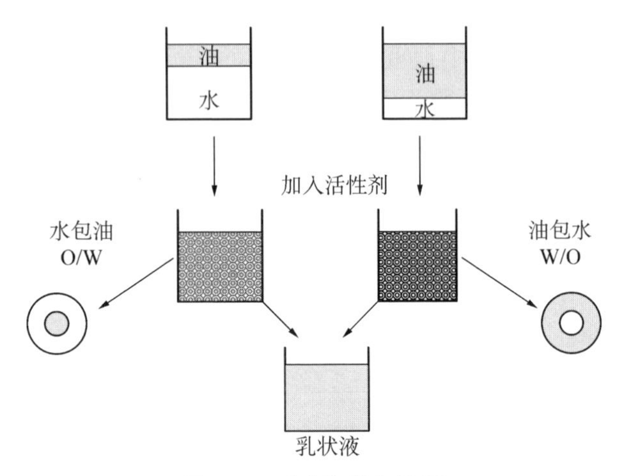

图 6.1.6　乳状液的形成过程

乳化作用在生活中有很多应用。例如:农药通常是有机物质,它们往往不溶于水,如果出现油水分层的现象,会影响农药的有效使用。此时若在水中放一点表面活性剂,则可形成均匀的乳状液,提高了农药的使用效率。此外,在人类服用的药物中也会遇到这样的问题,有些药物不溶于水,只能溶于酒精,也必须制成乳状液,因为我们不可能让病人摄入过多的酒精。再有我们经常使用的护肤用品等,都要制成乳状液才能方便使用。

§6.2　家用表面活性剂

6.2.1　肥皂

肥皂的化学成分是脂肪酸钠:

$$R-C\begin{matrix}\nearrow O \\ \searrow ONa\end{matrix}$$

(脂肪酸钠)

其中 R 基团是长碳链的亲油基团，羧酸根是亲水基团。肥皂通常使用自然界的脂肪来制备。有机酸和醇反应脱去水生成酯，反过来酯和水反应会还原成有机酸和醇。若将脂肪放在碱溶液里加热处理，脂肪和水反应就生成了脂肪酸和醇。由于反应在氢氧化钠溶液中进行，生成的脂肪酸也就变成脂肪酸钠。任何脂肪都可以用来制造肥皂，只是不同的脂肪有不同的 R 基团而已。

链接：脂与酯

脂通常是指自然界的脂肪类物质，例如我们食用的油脂、植物分泌的树脂等。酯则是化学意义上的一类化合物。它们可以看作由羧酸和醇脱水后生成的产物，例如乙酸和乙醇脱去一分子水，生成乙酸乙酯。由于自然界的脂也是这样的结构，所以可以说酯包括脂，或者说脂是酯的一部分。一些分子量不大的酯类化合物，具有水果香味，例如油漆的溶剂香蕉水就是乙酸异戊酯。酯可发生水解反应，生成羧酸和醇。

6.2.2 洗衣粉

洗衣粉是一种配方产品，其中的主要成分是十二烷基苯磺酸钠，它的结构式如下：

$$C_{12}H_{25}-C_6H_4-SO_3Na$$

亲油基团（$C_{12}H_{25}$—苯环）　亲水基团（SO_3Na）

（十二烷基苯磺酸钠）

从洗衣粉的结构式立即可以得知这是一个典型的两亲物质，即是表面活性物质，所以它有去污能力。我国规定在洗衣粉配方中这种物质不得少于30%，否则就是假冒伪劣商品。

原先所有的洗衣粉配方中都有三聚磷酸钠，能有效提高洗涤效果。一方面，它能防止硬水中的钙与洗涤成分生成不溶性物质，因为磷酸钙溶于水；另一方面它又有较强的络合能力，帮助去除油垢外的其他污渍。然而大量洗衣废水的排放，使水域中磷的含量大大提高。磷是植物生长的营养物质，水域过营养化的结果将导致低等植物的疯长，媒体报道中提及的海洋赤潮就是红色藻类植物疯长的结果，这造成严重的环境污染。许多国家已经明令禁止在洗衣粉中添加三聚磷酸，市场上的无磷洗衣粉应此而生。

6.2.3 洗洁精

生活中我们用来洗涤餐具的洗洁精也是表面活性剂，它的名字叫聚氧乙烯烷基醚，其化学结构式如下：

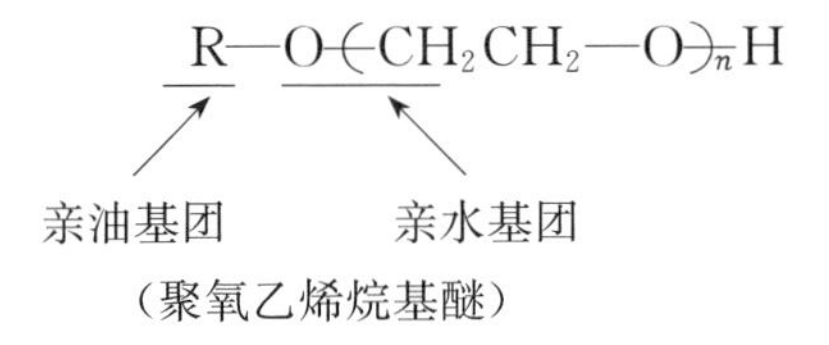

（聚氧乙烯烷基醚）

R是碳或者碳链有机基团，当然也就是亲油基团，而它的亲水基团则是醚键。所谓醚键，就是C—O—C键，由于与水有相似的结构，所以与水相亲，是亲水基团。

作为餐具的洗涤剂，必须保证它的安全性。聚氧乙烯烷基醚的分子简单，不包含类似苯环的结构，却有很好的去污功能，被世界各国采用作为餐具的洗涤剂。很多国家甚至对洗洁精的生产，要求达到食用标准。

作为商品的洗洁精也是一种配方产品，或者说它是一种溶液，其中聚氧乙烯烷基醚的含量约30%，大部分是水。为了在使用时不易流失，配方中一定会添加增稠剂。由于我国尚未规定洗洁精要达到食用标准，建议大家在使用洗洁精之后一定要冲洗干净。

判断洗洁精的质量好坏，主要是表面活性剂的含量是否达标，并不是看它的稠度。因为稠度与洗涤无关，可以人为控制。

链接:乙醚

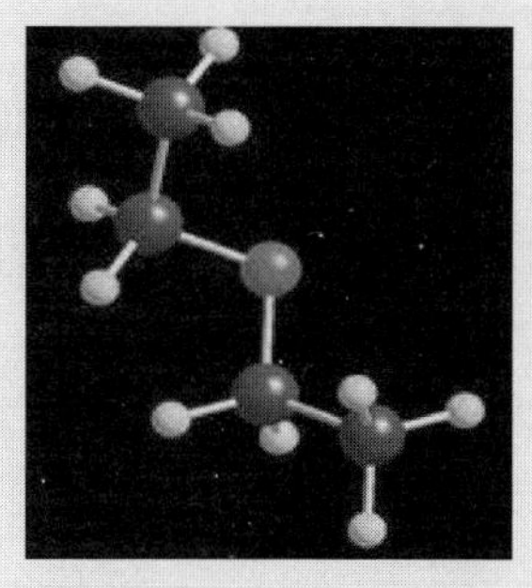

图 6.2.1　乙醚的结构模型

乙醚为典型的醚类化合物。无色液体,极易挥发,带有一点甜味;极易燃,纯度较高的乙醚不可长时间敞口存放,否则其蒸气可能达到爆炸极限(1.85%~36.5%),一遇明火就会爆炸。沸点 34.5℃,属低沸点溶剂。其结构式如下:

$$CH_3CH_2—O—CH_2CH_3$$

(乙醚)

乙醚在医院中常用作麻醉剂,需要开刀的病人被推进手术室后,护士会将一块蘸满乙醚的毛巾,往病人口鼻处一捂,病人很快就昏睡过去。但由于全麻的作用起效慢,诱导期不仅太长,且可有兴奋阶段,苏醒期间胃肠道紊乱常见,恶心呕吐发生率可高达50%以上,现已被淘汰而不用。

乙醚还是工厂和实验室常用的低沸点溶剂,它是蜡、脂肪、油、香料、生物碱、橡胶等的溶剂,也常用作天然产物的萃取剂或反应介质。

6.2.4　柔顺剂

在洗衣服的同时能让衣物变得柔顺是很多人的愿望,市场上柔顺剂这种产品已经常见。

一件新的衣服通常较为柔顺,洗过多次后就会有变硬的感觉。例如,一条新毛巾手感柔软,几个月之后就变硬。这是因为毛巾是由纤维织成的,纤维和纤维之间如果是有序绞合,它就显得柔软;如果是无序绞合,手感就硬。织物或毛巾使用久了,无序绞合增加,就会变硬,而柔顺剂可以使无序绞合变回到有序绞合。柔顺剂的主要成分是季铵盐,它的结构式如下:

$$R_2-\overset{\overset{R_1}{|}}{\underset{\underset{R_3}{|}}{N^+}}-R_4\,Cl^-$$

（季铵盐）

我们可以把这个化合物看作 NH_4Cl 的铵离子中的 4 个氢原子都被烃基取代形成的化合物。当有一个氢原子被有机基团取代后，就变成伯铵；取代两个则为仲铵；取代 3 个即为叔铵；全部取代就成为季铵盐。通常可以用通式来表示：

$$R_4N^+\ X^-$$

其中 4 个烃基 R 可以相同，也可以不同；X 多为卤素负离子（F^-，Cl^-，Br^-，I^-）。季铵盐性质与无机铵盐相似，易溶于水，水溶液导电。具有强烈的杀菌和抑霉防蛀性能，以及防止静电的作用。生活中常用的柔顺剂的主要成分中，两个 R 为甲基，两个 R 为 18 个碳的烃基：

$$\left[CH_3\text{-}(CH_2)_{16}\text{-}CH_2-\overset{\overset{CH_3}{|}}{\underset{\underset{CH_3}{|}}{N^+}}-CH_2\text{-}(CH_2)_{16}\text{-}CH_3\right]Cl^-$$

（季铵盐）

从上面的结构式可以得知，这个化合物也是双亲性质的表面活性剂。R 基团为亲油基团，带正电荷的 N 原子为亲水基团，因此它也有洗涤功能。柔顺功能是因为在水溶液中，较长的分子会吸附在纤维上，防止纤维之间的无序绞合。另外，它有消毒杀菌功能，常被食品工业和餐饮业用来作为一举两得的洗涤剂。

链接：表面活性剂的分类

表面活性剂的品种太多，常常会将它们进行分类，最常用的分类方法是以亲水基团的性质来进行分类：

阴离子型：肥皂、洗衣粉；阳离子型：季铵盐柔顺剂；

非离子型：洗洁精；两性离子型：儿童洗涤剂。

肥皂的亲水基团是羧酸根，十二烷基苯磺酸钠的亲水基团是磺酸根，它们都是阴离子，所以为阴离子型；

柔顺剂的亲水基团是带正电荷的氮原子，属阳离子，所以为阳离子型；

洗洁精的亲水基团是醚键，既非阴离子，也非阳离子，故称非离子型；

所谓两性离子表面活性剂，是指那些在结构上同时具备亲水的阳离子和亲水的阴离子的活性剂，常用于儿童洗涤用品。例如甜菜碱的结构如下：

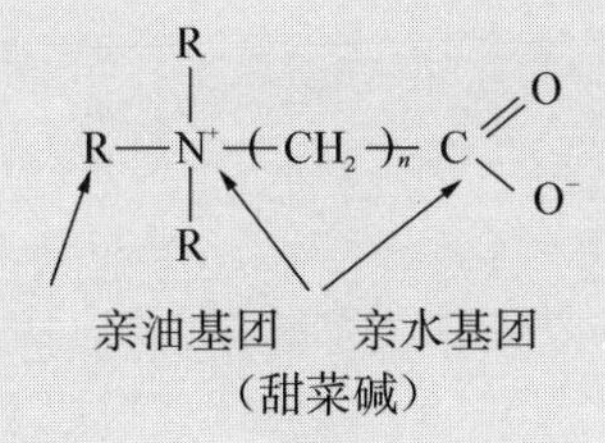

（甜菜碱）

第7篇

五彩缤纷的世界

§7.1 焰色反应

所谓焰色反应，也称作焰色测试及焰色试验，是某些金属或它们的化合物在无色火焰中灼烧时使火焰呈现特征颜色的反应。在化学上，也常应用焰色反应来定性检测某种金属。五彩缤纷的烟火也是因为加入了特定金属元素及其化合物才会出现各种颜色的。

7.1.1 烟火的秘密

节日或欢庆的日子里，五彩缤纷的焰火不仅增添了热闹，还使人们赏心悦目。

夜色的天空中所迸发出的一朵朵"花团锦簇"，其实都是化学物质魔幻般的作用。在元素周期表最左边的第一族是碱金属，包括锂(Li)、钠(Na)、钾(K)、铷(Rb)、铯(Cs)等。之所以称它们为碱金属，是因为它们的氢氧化物都是溶于水的强碱。碱金属旁边的第二族则是碱土金属，这是因为它们的性质介于"碱性"和"土性"(难溶氧化物，如 Al_2O_3)之间。包括铍(Be)、镁(Mg)、钙(Ca)、锶(Sr)、钡(Ba)、镭(Ra)。

当把碱金属或碱土金属的一些化合物置于火焰中时，立刻就可以看到火焰变成各种元素所特定的颜色。

7.1.2 颜色来自何方?

为什么有些金属和它们的化合物在燃烧时会出现特定的颜色呢？这就是所谓的焰色反应。这种焰色反应是由这些金属元素决定的，而与它们是怎样的化合物无关。那么，这些颜色是怎样产生的呢？

众所周知，自然界的普遍法则为能量愈低愈稳定。因此，元素的外层电子在平常的情况下，处于能量较低的能级，称为基态；当外界有能量激发这些电子时，它们就会从稳定的基态跃迁到较高的能级，称为激发态。激发态的能级是不连续的，也就是说是量子化的，如图

7.1.1 所示。

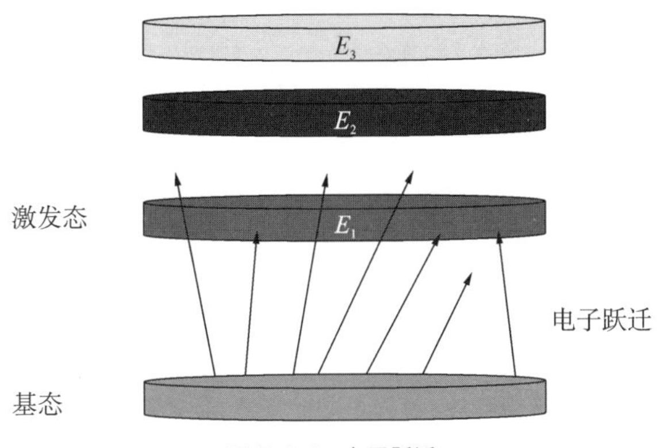

图 7.1.1 电子跃迁

跃迁的电子尽管能量不一，但最终只能停留在某一个激发态能级上，如图 7.1.2 所示电子停留在 E_1 能级。处于激发态的电子极不稳定，在极短的时间内(约 10^{-8} s)便会跳回到基态或较低的能级，并在跃迁过程中，将能量以一定波长的光能形式释放出来，如图 7.1.2 所示。

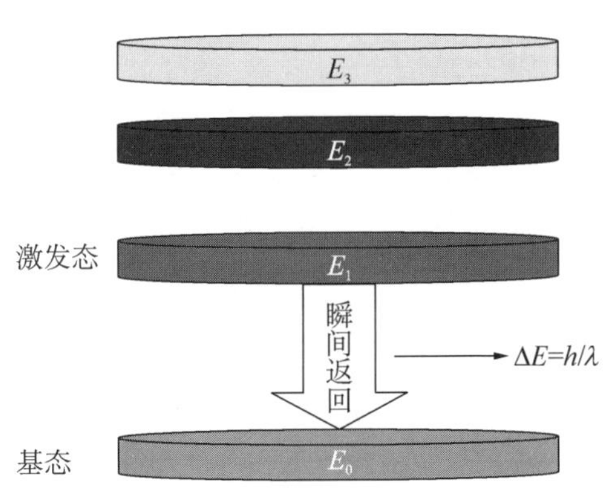

图 7.1.2 处于激发态的电子返回释放能量

由于各种元素的能级是被固定的，且各不相同，因此在回复跃迁时，释放的能量也就不同。不同的能量对应于不同波长的光线，所释

放的能量 ΔE 与波长 λ 之间的关系由下式决定：

$$\Delta E = hc/\lambda = h\nu$$

式中 h 为普朗克常数，c 为光速，λ 为波长，ν 为频率。

碱金属和碱土金属元素的能级差，正好对应于可见光，如图 7.1.3 所示，于是我们就看到了各种颜色。

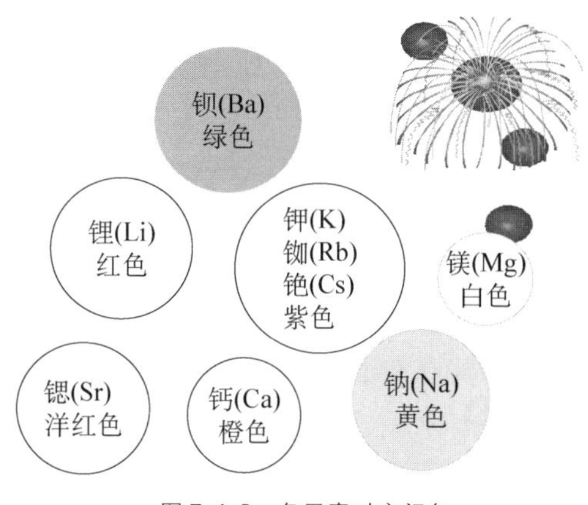

图 7.1.3　各元素对应颜色

7.1.3　生活中的焰色反应

生活中我们也可以看到焰色反应现象，如在煲汤时不小心汤汁溢出，就可以看到煤气灶的火焰马上成为黄色，这就是汤汁中的盐(氯化钠)发生了钠元素的焰色反应。

从上述可知，发生焰色反应有两个条件：首先是特定的元素，其次是给这种元素以能量，造成一个类似火焰那样的环境。利用焰色反应，我们可以制成信号弹或烟火等。例如：红色信号弹的配方为硝酸锶($Sr(NO_3)_2$)、氯酸钾($KClO_3$)、硫磺、炭粉，其中硝酸锶是产生红色的特定元素，其余是黑火药的成分，用来产生爆炸以提供能量。若需要绿色信号弹，只要把硝酸锶换成硝酸钡($BaSO_4$)即可。

链接：黑火药

我国最早发明的黑火药，是采用硝酸钾（KNO_3）、硫磺粉和炭粉组成的，其中硝酸钾是氧化剂。当黑火药点燃时，由硝酸钾提供的氧能使炭粉和硫磺粉急剧燃烧，产生大量的热和氮及二氧化碳。由于气体体积在瞬间急剧膨胀（大约每克黑色火药产生70升气体，体积增加了7 000倍），于是产生爆炸。在黑火药爆炸时，同时伴有硫化钾和未燃烧的炭粉固体产生，这样会有很浓的烟雾冒出，因此黑火药又被称为黑色火药和有烟火药。现在焰火中可以用氯酸钾来代替硝酸钾。

焰火也是由各种碱金属和碱土金属的盐类化合物或镁粉加上黑火药配制而成的。镁在燃烧时会发出强烈而耀眼的白光，孩童玩耍的闪光条就是由镁粉制成的。

小品：为什么在铝箔上撒了一把盐？

宴会上有一道菜肴烤鲑鱼。服务员手捧一个瓷盘，内盛一条被铝箔严严实实裹着的烤熟了的鲑鱼。为了保温，服务员在瓷盘内倒一点酒精，然后用火柴将酒精点着。此时，只见服务员在铝箔上撒一点盐。大家顿时就困惑起来，这盐能使被铝箔包着的鱼变咸吗？请问，撒这把盐究竟是为什么？

答案：服务员撒这把盐的目的是让火焰的颜色呈现鲜明的橙黄色，以便大家看得清火焰，从而知道这道菜还在加热。否则，酒精的火焰呈淡蓝色，不易看清，心急的食客迫不及待地伸手去剥铝箔时会被烫疼。这充分利用了化学中的焰色反应。

实验：自己动手做焰色反应实验

我们可以自己做焰色反应实验。用一根嵌在玻璃棒上的铂丝在稀盐酸里蘸洗后，放在酒精灯的火焰里灼烧，直到跟原来火焰的颜色一样时，再用铂丝蘸一下被检验溶液，然后再放在火焰上，这时就可以看到被检验溶液里所含元素的特征焰色。例如，蘸取碳酸钠溶液灼烧时，看到的火焰呈黄色；蘸取碳酸钾溶液，放到灯焰上灼烧，火焰呈浅紫色（最好隔着蓝色钴玻璃观察，可以滤去过强的黄色）。每次实验完毕，都要用稀盐酸洗净铂丝，在火焰上灼烧看到没有什么颜色后，才能再去蘸另一种溶液进行焰色反应。在材料有限的情况下，可以用纯净的铁丝代替铂丝，因为铁丝的焰色反应为无色。

这种焰色反应完全由元素产生，即使这种元素处于不同的化合物中，或者在火焰中发生化学变化，以及火焰的类型和温度不同，对某一元素的特征焰色都没有影响。

7.1.4 化学分析中的应用

当想知道未知样品成分时，不妨先用焰色反应来检测一下，看它是否含有金属。早在中国南北朝时期，著名的炼丹家和医药大师陶弘景（456—563）在他的《本草经集注》中就有这样的记载："以火烧之，紫青烟起，云是真硝石（硝酸钾）也。"这就是典型的焰色反应法。最简单的做法就是按照前面的小实验中所说的方法去做。可以直接使用固体样品，首先取一条细铁丝，一端用砂纸擦净，在酒精灯外焰上灼烧至无黄色火焰，再用该端铁丝沾一下水，再沾一些样品粉末，最后点燃一盏新的酒精灯（灯头灯芯干净、酒精纯），并把沾有粉末的铁丝放在外焰尖上灼烧，根据焰尖火焰颜色，进行对照就能得知会有哪些金属元素。

可见光能被肉眼识别，所以根据焰色反应就能判断碱金属和碱土金属的存在与否，那么，别的元素是否就没有电子的跃迁呢？当然不是。问题在于除了碱金属和碱土金属之外，其他元素的电子跃迁释放出的能量所对应的波长均不在可见光范围内，因此无法为肉眼所见。这就需要仪器测量出各种波长，这就是化学研究中常用的光谱分析方法。

各种元素的原子结构和外层电子排布的不同，造成不同元素的原子从基态跃迁到激发态之间的能量差都不相同。因此，各种元素在电子从激发态回到基态时所发射的光波各不相同，这就是元素的特征谱线。所谓光谱分析，就是去识别这些特征谱线。

能够让基态电子跃迁的激发态不止一个，而从激发态可以回到基态，也可以回到其他较低的能级。因此，发射的谱线也就不止一条，而是一组，这组光波就被称为光谱。但是，通常从基态到第一激发态的跃迁最容易，这两个能级之间产生的谱线是元素分析中最灵敏的谱线。

发射光谱就是根据电子从激发态回到基态所发射的光谱来确定元素的。通常得到的是一个不连续的线谱，这当然是因为原子的各个能级是不连续的。将分析的谱线与标准谱线进行对照，就可以知晓所分析的元素，这就是元素的定性分析。而谱线的强度往往又和该元素的含量有关，因此，利用谱线强度又可进行元素的定量分析。根据发射光谱已经测定了70多种元素。

如图7.1.4所示，样品在火焰中所发出的光线通过外透镜聚焦，在单色器中按波长一一通过检测器记录，再由显示装置显示得知结果。

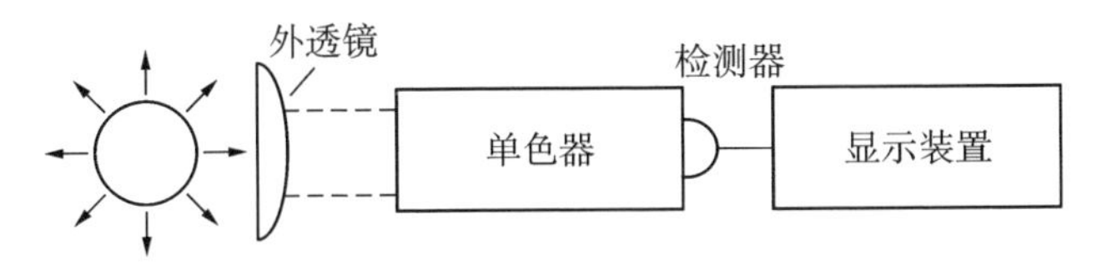

图7.1.4　发射光谱的检测

发射光谱定量分析的一个优点是在很多情况下，分析前不必把被分析的元素从样品中分离出来，另一个优点是对一个试样进行一次分析，就可以同时测得多种元素的含量(即一次对多种元素进行分析)。此外，作分析时所消耗的试样的量极少，但灵敏度极高。它的缺点是不能用以分析有机物及大部分非金属元素。

发射光谱法在地质、冶金及机械工业已得到广泛应用。如在冶金工业中，此法不仅可以作为成品的分析工具，还可作为控制冶炼的工具。特种钢的炉前分析，可以及时调整钢液的成分。随着科学技术的发展，光谱分析将更广泛地应用于痕量分析及稀有元素分析。

此外还有原子吸收光谱，又称原子吸收分光光度分析。当对应于元素特征谱线的光波通过该原子时，光波很容易被吸收，利用这种吸收现象进行的分析方法就是原子吸收光谱法。当然，这时仪器记录的是元素特征谱线光被吸收的情况。发射光谱所用的光源是连续波长的光源，而吸收光谱的光源是特制的元素空心阴极灯，它只发射特定波长的光。例如，镁空心阴极灯发射波长为 285.2 纳米的镁的特征谱线光，当通过一定厚度的镁原子蒸气时，部分光被蒸气中的镁原子吸收而减弱；再通过单色器和检测器测得镁特征谱线光被减弱的程度，即可求得试样中镁的含量。吸收光谱的特点是在测量某一元素时，就要用相应的光源，所以分析中干扰极少。

§7.2 五光十色的化妆品

化妆品的历史可以追溯到公元前 7000 年，当时的埃及人用锑粉和绿铜矿(孔雀石)来画眼睑。公元前 3500 年，埃及法老就曾使用香发油。公元 2 世纪，希腊物理学家(Claucius Galen)发明了冷霜。17 世纪，埃及的纨绔子弟奢侈地使用化妆品来掩盖其不常洗澡的陋习。18 世纪欧洲的妇女盛行使用碳酸铅白化脸部，结果很多人死于铅中毒。因此，整个化妆品的历史，充满了美化和安全这一对矛盾。要做到安全和正确地使用化妆品，就必须了解化妆品，包括它的原料和添加剂。

7.2.1 何为化妆品?

要回答这个问题,看似简单,实则并不容易。最初化妆品被看作一种奢侈品,因为只有达官贵人们才能享受得起。人们对化妆品的理解也局限在认为它是一种美化外表的用品。随着时代的发展,同时并非所有的化妆品都非常昂贵,化妆品也逐步走入一般民众;随着科技的发展,人们发现化妆品除了美化之外,还有清洁和保护人体肌肤的功效;随着艺术的发展,化妆品成为演员改变自己面容的用品,这又使化妆品多了"改变外观"的功能,或者可称为"易容"。除此之外,我们还会发现生活中化妆品还有其他的功能,例如,曾有一名NBA的篮球运动员,每次上场前都会把他的头发染成几种不同的颜色,使用的染料就是一种化妆品,那么它的功能是什么呢?美化?不!多种颜色"拼盘"一般,毫无美感。清洁?不!几种染料粘在头发上似乎并不干净。更没有易容,人们一眼就认出了这位运动员。那么这又是什么功能呢?

对化妆品下定义,就必须把它所有的功能都包括在内。美国政府为了对化妆品作出一个确切的定义,由议会通过了一项法令(The United States Food, Drug and Cosmetic Act),规定了"任何一种涂抹或喷洒于人体,其目的是为了清洁、美化、改变外观或增加吸引力的东西都是化妆品"。从这个定义可以看到,化妆品有四大功能:清洁、美化、改变外观和增加吸引力。前面提到的篮球运动员正是利用了第四大功能。其实,生活中也不乏这样的情况。例如,走在大街上常见一些女孩浓妆艳抹,脸上涂得乱七八糟,毫无美感,眼圈甚至涂得像熊猫,但当她走过你身边时,你还是会去看她一眼,"哎呀,怎么这么难看!"她使用化妆品的目的也就达到了,吸引了别人的注意。

美国政府的这个法令还有一些细节说明;如"肥皂不属于化妆品",理由不得而知,也许因为肥皂太普及,把它列入化妆品会使化妆品掉价,但另一条细则又说"牙膏属于化妆品",这就让人看不懂了。细则中有一条十分重要的是,美国政府规定"凡是有疗效的东西,例如去屑剂、除臭剂、脱毛剂等,都不能纳入化妆品"。这是因为有疗效的东西必须纳入比化妆品要求更严格的药品中去管理。然而现在这些都已进入化妆品了。

所以说定义本身并不重要，重要的是如何正确和安全使用化妆品，最好对化妆品有一定的了解。

7.2.2 香水

我们常常把喷洒在身上有香气产生的东西统称为香水。从严格意义上讲，香水是一种由发香物质配制而成的混合溶液。通常配方中的发香物质有几十种，甚至上百种，余下的就是溶剂酒精。按发香物质的多少，共有 4 类香水：

(1) 浓缩香水(Perfum)：20%～40%的芳香化合物；

(2) 香水(Eau de Perfum)：10%～20%的芳香化合物；

(3) 淡香水(Eau de Toilette)：5%～10%的芳香化合物；

(4) 古龙水(Eau de Cologne)：2%～3%的芳香化合物。

实际上平时使用的香水，只要能区分两类即可：一类为香水(perfumes)，其发香物质为 10%～25%；另一类为古龙水(colognes)，其发香物质为 1%～2%。

链接：古龙水

古龙水的法语为“Eau de Cologne”，德语为“Kölnisch Wasser”，意思都是“科隆之水”。古龙水最早出现在公元 1690 年，意大利理发师费弥尼在获得的 1370 年间“匈牙利水”配方的基础上，增用意大利的苦橙花油、香柠檬油、甜橙油等，创造了一种非常受欢迎的盥洗用水，并传给他的后代法丽娜。1709 年意大利人吉欧凡尼·玛丽亚·法丽娜迁居德国的科隆，在科隆推出这种盥洗用水，并将其定名为“科隆水”。它的中译名就是“古龙水”。

最初香水中的发香物质是从天然物质中提取出来的，例如从有芳香气味的花或草中提炼出来的精华物质，现今的发香物质已经有不少是化学合成的了。当然最好的香水依然采用天然制品，如玫瑰花中提炼的玫瑰油。这是因为发香物质的成分极为复杂，化学家们至今无法分析出存在于天然物质中那些于香味极为重要但含量又极少的物质。通常可以把香水散发的香味按它们的挥发性分为3个层次：

(1) 头香(top note或前香)：这是配方中最容易挥发的物质散发出来的香味，也就是当使用香水时首先闻到的气味；

(2) 飘香(middle note或中香)，这是大部分头香物质挥发掉之后所散发出来的气味；

(3) 留香(end note或后香)，这是最终留在身上时间较久的一种香味。

所以在选择香水时，必须分清这3种香味，通常以选择后两种香味为主，因为它们在身上停留的时间要长一些。

链接：世界五大经典香水

Chanel(香奈儿)的“Chanel No. 5”(香奈儿五号)；

Lanvin(浪凡)的“Arpege”(琶琴)；

Guerlain(娇兰)的“Shalimar”(一千零一夜)；

Jean Patou(让·巴杜)的“Joy”(欢喜)；

Nina Ricci(莲娜丽姿)的“L'Air Du Temps”(“凤凰于飞”，又叫“永恒”)。

7.2.3 护肤用品

人的皮肤由表皮和真皮构成。表皮又称上皮或死皮，含水10%左右。低于此值则皮肤干糙或呈片状易剥落；高于此值则有利于有害生物的生长。表皮中还含有一些被称为NMF的物质，即天然保湿因子，它能配合皮脂共同保持皮肤的水分，其中有氨基酸、吡咯烷酮和乳酸等。

真皮与表皮有明显的分界，由纤维结缔组织构成。它与皮肤的弹性、光泽和张力有关，皮肤的松弛和起皱也在此层。真皮含有皮脂腺和汗腺。皮脂腺分泌的皮脂起到保护皮肤水分的作用。皮脂分泌量因人而异，可分为油性、中性和干性。皮脂中的脂肪酸以及汗腺中的氨基酸和乳酸，使皮肤的 pH 值为 4.5～6.5，呈弱酸性。在选用化妆品时，要注意化妆品的酸度必须与皮肤的酸度相适应，以免过敏。

我们的脸部和手部常因暴露在外，受到阳光和风的作用会变得干燥，甚至变成鳞片状。过度地使用肥皂洗涤，也会造成这样的情况。这时就需要使用一些护肤用品：

(1) 干性皮肤可使用油脂型的护肤用品，它们常以矿物油和动物油为基质，如过去常用的蛤蜊油(石油提炼物)，澳大利亚出产的羊毛脂护肤霜。

(2) 中性皮肤可使用冷霜(cold cream)，也称雪花膏。这是一种油包水型的膏状乳浊液。使用时手感油性，且不易铺展。但形成的保护膜持续时间较长。

(3) 油性皮肤可选择使用水包油型的乳浊液(lotion)，平时大家所说的护肤霜，多半是指这一类。使用时手感水性，容易铺展，但持续时间较短。

小品：价廉物美的甘油

在众多的护肤用品中，甘油是一个价廉物美的选择。众所周知，甘油具有吸水性能。一杯甘油放在桌子上，第二天你会发现，甘油多出来了。其实这是因为甘油吸收空气中的水分，于是体积就增加了。

甘油的学名为丙三醇，其结构式如下：

$$
\begin{array}{c}
\mathrm{H} \\
| \\
\mathrm{H{-}C{-}OH} \\
| \\
\mathrm{H{-}C{-}OH} \\
| \\
\mathrm{H{-}C{-}OH} \\
| \\
\mathrm{H}
\end{array}
$$

（甘油）

市场上已经有以甘油为主的护肤产品，但我们自己可以用药用甘油兑上适量的水，涂抹在手上或脸上。由于它的吸水性能，能让你的皮肤保持润湿而不紧绷。当然，在极度干燥的地方不能使用甘油作为护肤用品，因为甘油的吸水性是双向的，它也会吸取你体内的水分。

7.2.4　男女都需要的唇膏

如果你以为唇膏是女性专用的化妆品，那就错了，嘴唇皮肤的水分保持，对于一个人的容貌有着至关重要的作用。当你看到一个人，嘴唇干瘪，毫无弹性，没有光泽，甚至出现鳞片状，你一定会感觉到这个人生活得很艰难。相反如果一个人的嘴唇红润，富于弹性，有光泽，你会认为他很健康，生活得很潇洒。所以说唇膏是男女都需要的化妆品，女性用唇膏更可以有美化容貌的作用，男性则可以使用无色唇膏。

唇膏的配方很简单，类似于护肤霜，由油、蜡、染料和香精等组成。油主要是海狸油(castor oil)；蜡则用蜂蜡、巴西棕腊等；香料用来抑制油和腊中不愉快的气味；有时还会加入一些抗氧化剂，以防脂的氧化；现代大部分唇膏都采用溴酸染料。

7.2.5　你知道防晒霜上的“PA＋＋”和“SPF”是什么意思吗?

日光中的紫外线会导致皮肤出现鲜红色斑，灼伤起泡，肿胀，脱

图 7.2.1 防晒霜

皮，严重时甚至会引起皮肤癌。紫外线可以分成下列 3 部分：

(1) UVA(长波紫外线)：这是紫外线中能量最低的部分。但因为它可穿透玻璃，无论阴天、雨天，室内都会有 UVA。它也会穿透遮阳伞，使皮肤晒黑、产生黑斑。还会让肌肤老化，失去弹性，甚至诱发皮肤癌。

(2) UVB(中波紫外线)：这是紫外线中能量中等的部分。它不能穿透玻璃，到达皮肤的表层时，会导致皮肤出现鲜红色斑，灼伤起泡，肿胀，脱皮，严重时甚至会引起皮肤癌。

(3) UVC(短波紫外线)：这是紫外线中能量最高的部分。大部分短波紫外线已被空气中的臭氧层吸收，无法到达地球表面，所以不会对人体造成伤害。

防晒霜中的成分能够吸收或散射紫外线，防止 UVA 和 UVB 对人体的伤害。当购买防晒霜时，你会发现防止 UVA 和 UVB 的防晒霜是不同的。

防止 UVA 的防晒霜上会标有“PA＋”，“PA＋＋”，“PA＋＋＋”等标记。这是什么意思呢？“PA”是“protection for UVA”的缩写，“＋”号表示它的防晒强度，“＋”号愈多，防护能力愈强。有人会说，那我就挑“＋”号多的买就是了。这样做可不对！

防晒霜上的“PA”是防止 UVA 能力的标识符号，室内通常使用“PA＋”或“PA＋＋”的防晒霜就已经足够。“PA＋＋＋”的防晒霜虽然防护能力较强，但是其中的防晒材料含量多，质感较油腻，会对皮肤有较大影响，容易引起过敏。

防 UVB 的防晒霜上则有“SPF2”到“SPF40”等不同数字的标记，这又是什么意思呢？“SPF”是防护 UVB 专用的“皮肤保护因子”(Skin Protection Factor)的缩写。后面的数字表示防护的能力，数字愈大，防护能力愈强。皮肤在日晒后发红，医学上称为“红斑症”，这是皮肤对日晒作出的最轻微的反应。最低红斑剂量(时间)是皮肤出现红斑的最短日晒时间,而SPF是使用防晒霜后的最低红斑剂量与没有使用防晒霜的最低红斑剂量的比值。例如,在没涂擦防晒霜之前,外出晒了一个小时就出现红斑,而涂了防晒霜后外出要两个小时才出现红斑,于是可以得出这种防晒霜的SPF值为2。

SPF值并非越高越好。SPF值越大,防晒霜内含有成分的潜在危害性越大,其油性也越大,油腻感较重,易粘灰尘,影响清洁;还易堵塞皮肤毛孔,不利于排汗,影响皮肤组织分泌,引起皮肤过敏或者长痘痘。

不同的环境要选择不同数字的防晒霜。室内工作可选用SPF10左右、"PA+";比较容易晒黑或对强光敏感的人或经常在室内工作或活动的人,可选择SPF20左右、"PA++"的;在烈日下行走或海边游泳时,则应该选择抗水、抗汗性好的SPF30左右、"PA+++"的强效防晒品;就一般环境来说,SPF15~25、"PA++"应该是每天常规使用的、有效的广谱防晒霜。

天气预报会告诉我们紫外线的强度,表7.2.1告诉我们如何正确选择防晒霜。

表7.2.1　防晒霜的正确选择

级别	指数	强度	皮肤晒红时间(分)	预防
一级	0,1,2	最弱	100~180	无需防护
二级	3,4	弱	60~100	适当涂抹
三级	5,6	中等	30~60	SPF 10~15
四级	7,8,9	强	20~40	SPF 12~20
五级	10及10以上	最强	小于20	SPF 20~40

防晒霜的材料有两种:一种是采用有机物质制成的,如对氨基苯甲酸、双丙二醇水杨酸酯等,当紫外线到达皮肤表面时,它们会吸收紫外线,这样皮肤就不会受到伤害;另一种是由无机物,主要是二氧化钛(TiO_2)和氧化锌(ZnO)超细粉体制成的,它们对紫外线有良好

的散射功能。

7.2.6 面膜的功能

面膜是用于美容护肤的新型化妆品。它由聚乙烯吡咯烷酮、羧甲基纤维素、聚乙烯醇和甘油、乙醇、香精、防腐剂、蒸馏水等组成。前者都是溶于水和甘油的高聚物，将湿润的膏体涂覆在脸部，当水分和溶剂蒸发后，这些高聚物就形成一张薄膜覆盖在皮肤表面。经一段时间后，将面膜揭去，即可达到美容效果。面膜所起的作用如下：

(1) 薄膜覆盖在皮肤上可防止皮肤水分的蒸发，使皮肤角质层柔软，有弹性；

(2) 毛孔和汗腺扩张，以及皮肤表面温度增高，都会促进皮肤的新陈代谢，使脸色红润；

(3) 若面膜中添加各种营养成分的话，可能会被皮肤吸收；

(4) 由于面膜干燥时的收缩能使皮肤产生张力，从而使部分皱纹淡化；

(5) 揭膜时，由于部分高分子材料尚未干透，仍然具有黏性，能把毛孔中的脏物带走。

如果要取得面膜的前两个效应，用热毛巾捂脸也是不错的办法哦！生活中大家都有这样的经验：早上起身时往往一脸倦容，夏日脸上还常会印有席印，怎样才能尽快去除这一脸倦容呢？洗一把热水脸就能达到目的。实际上这也就是面膜的作用。

7.2.7 洗发香波

香波是英文“shampoo”的译名，这是继肥皂后发明的更为优秀的洗涤产品。众所周知，用肥皂洗发，干净是没问题，但洗后总有干枯的感觉，有时还会有静电产生，使头发竖立起来。原因就在于肥皂的碱性太强，它把头发上的油脂全洗去了。洗发香波是配方产物，它不仅能帮助洗净头发，还能让头发得到保养。洗发香波怎样起作用的呢？

(1) 它会帮助我们洗去多余的油脂，保留毛发中应有的油脂，洗后的头发带有光泽；

(2) 使头发柔软；

(3) 对头发安全，不刺激皮肤；

(4) 使用感觉良好，如润湿性好(铺展自如)、泡沫丰富且持久，以及有柔滑感；

(5) 适宜的色泽、稠度和香型。

最初洗发香波分为两次完成：先用洗发水洗头，再用护发素保养。现在已经二合一，厂家使用新材料让洗发水和护发素成为一体，使用时方便多了。各种品牌的洗发香波配方成分大体相同：例如，洗涤剂会选择比较柔性的；怕洗后留下的油脂不够，还会加一点油脂类的成分，如羊毛脂、三甲基硅油等；还有一些添加剂，如增稠剂、防腐剂、调理剂等。

小品：如何判断洗发香波的品质？

(1) 先看品牌。是否为有资质的企业生产；

(2) 其次闻香味。越好的洗发水味道越淡，并接近自然味道，而且用后持久幽香；

(3) 再看泡沫。一般好的洗发水很容易起泡，用一点点加一些水就能起很多泡沫，而且泡沫越细越均匀越好；

(4) 看洗发水的膏体是否细腻。越细腻越好，绝对不应有疙疙瘩瘩的东西存在，而且膏体连贯，黏性大，不会轻易流失，铺展性较好，一抹就遍布头发。

(5) 极易冲洗干净。冲的时候很容易冲洗干净，而且没有黏腻的感觉。

(6) 用完后的感觉。用完后应该头发轻盈，自然顺滑，不会有梳不通的现象。

第 8 篇

健　康

生命和化学是如此紧密地联系在一起，无论是生命的起源还是生命活动本身，最终都归结到化学运动。人体的生命运动实际上是无数化学反应的综合。可以说没有化学变化，就没有生命。了解人体内的各种化学变化，就能了解人类自身，也就有可能使人类更健康、更长寿。在生命活动的过程中，难免会出现各种各样的疾病，对抗这些疾病就需要药物，而目前用于治疗疾病的药物中 90%是合成药物。在 20 世纪人类的平均寿命提高了将近 40 岁，其主要原因就是人类拥有了更多的合成药物。化学对生命的重要性可见一斑。

小品：人的正常寿命是多少岁？

人人都能活到 150 岁！你还真别不信，这是科学家们说的。第一次，1958 年一位从国外归来的著名科学家在《文汇报》上刊登了一篇文章，以科学论证从各方面分析得出：人的基本寿命是 150 岁。后来因为“大跃进”的关系，相关讨论中断了。第二次则是 20 世纪 90 年代基因研究处于热潮时，研究人员认为，只要搞清楚人类的全部基因，人就可以活到 150 岁。那么，为什么我们现在却活不到这个年龄呢？

其中最主要的原因就是人对自身的了解太少，尽管医学已经掌握了相当多的信息和规律，但是对于生命运动的奥秘还没有完全解密。例如，我们的举手投足都需要能量，这些能量来源于人体内的脂肪和糖分的燃烧分解。在实验室脂肪和糖分燃烧需要 100℃以上的高温，而人体的体温只有 37℃，为什么脂肪和糖分在人体内就能燃烧？还会燃烧得那么快？医学告诉大家，这是因为人的身体里有一些称作“酶”的东西作为催化剂，其中一种酶能在低温让脂肪和糖分燃烧起来。身体里类似这样的酶很多，但是到底有多少种，科学家还没有彻底搞清。如果我们能对自身的所

有器官和组织了若指掌，那就一定能够活到150岁。

要揭开生命运动之谜，需要所有学科共同努力，化学学科首当其冲，因为生命运动归根到底是化学运动。由此可见，化学学科对于人类的健康长寿有重要作用。

§8.1　生命元素

在诸多的化学元素中，有许多元素与人类生命活动密切相关、必不可少，这些元素被称为“生命元素”。目前，科学家们认为，生命元素共有27种，其中13种为非金属元素，14种为金属元素。它们在人体中维持平衡，每一种元素的含量由生命活动的需要而定。既少不得，也多不得。通常把人体中含量低于0.01%的生命元素称为微量生命元素，具体包括锌、铜、铁、钴、铬、锰、钼、碘、砷、硼、硒、镍、锡、硅、氟、矾，共16种。表8.1.1为给出部分重要的微量生命元素与人体健康的关系。

表8.1.1　几种重要的微量生命元素

物质	日需要量（毫克）	生理作用	缺乏症状	过量危害	存在食品
Fe	10～15	血红蛋白成分，输运 O_2，CO_2，氧化还原酶反应中传递电子	低血色素贫血，心悸，心动过速，指甲扁平	铁沉着，皮肤发黑	肝脏、蔬菜、黑木耳、血糯
Cu	2.5	含于人体多种酶中，与Fe协同起氧化还原作用，形成人体黑色素	低血色素性贫血，白化症	沉积于肝、肾、脑中即成威尔逊病	同上

（续表）

物质	日需要量（毫克）	生理作用	缺乏症状	过量危害	存在食品
Zn	15	胰岛素成分，多种酶的组成部分，促进伤口愈合	发育障碍，免疫功能低，异食癖	刺激肿瘤生长	谷物、蔬菜、贝类
Co	0.1	维生素 B_{12} 组成部分，促进多种营养物质的生物效应	恶性贫血等，维生素 B_{12} 缺乏症状		蔬菜、肝脏
Mo		多种酶的辅助因子，减少人体对亚硝胺吸收			
Cr	5～10(μg)	作用于胰细胞上胰岛素敏感部位	易发糖尿病、冠心病、动脉硬化		海藻、鱼类、豆
Se	0.05～0.1	谷胱甘肽过氧化物酶的必需成分，抗衰老，抵制肿瘤	大骨节病，肝坏死	脱发，脱甲症，神经系统损害	海产品、猪、牛肾
F	1～2	骨骼、牙齿硬化	龋齿，心肌障碍	斑症、氟骨症	海产品、茶叶
I	0.1～0.3	甲状腺素成分	甲状腺肿，智力障碍	甲状腺亢进	海产品

与微量生命元素相对应的是宏量生命元素，共有 11 种，分别为氧、钙、钠、碳、磷、氯、氢、硫、镁、氮、钾。表 8.1.2 是几种重要的宏量生命元素对人体的作用。

表 8.1.2 几种重要的宏量生命元素

元素名称	质量分数/%	作 用
氧(O)	65.00	水及有机物的成分
钙(Ca)	2.00	骨和牙的成分,神经传递,肌肉收缩
钠(Na)	0.15	维持细胞外的体液平衡
碳(C)	18.00	有机化合物的成分
磷(P)	1.00	生物合成和能量代谢
氯(Cl)	0.15	胃液成分细胞外维持平衡
氢(H)	10.00	水及有机物的成分
硫(S)	0.25	蛋白质的成分
镁(Mg)	0.05	酶的激活
氮(N)	3.00	有机化合物的成分
钾(K)	0.35	维持细胞内的体液平衡

下面就几个重要的生命元素作些详细说明。

8.1.1 明星元素:硒

硒是34号元素,化学符号为Se。人类最早认识硒时,都认为它是一个恐怖元素,因为硒的很多化合物都是剧毒的,如硒酸盐、硒化氢等。然而,现代医学告诉我们,硒是人体内免疫体系中一个极为重要的酶的主要成分,是人类绝对不可或缺的元素。

之所以称它为"明星元素",首先因为硒是防癌的元素。人体内硒含量的多少与人体的健康到底有怎样的关系?先让我们看下面的测量数据:复旦大学化学系的一位老教授,发明了一种测量人体中硒含量的方法,只要将人的一根头发放入仪器中,立刻就可以知道头发中的硒含量。他对健康人群和癌症人群分别进行测试,硒含量的测试结果如下:

54例健康人(>600PPB);57例癌症病人(<400PPB)

这样的统计数据已经非常有说服力，不是患了癌症硒含量减少，而是硒含量少了才会得癌症。

其次，硒是长寿元素。国际上规定每10万人中有7人以上超过百岁的地区，就是长寿地区。我国的广西巴马、广东三水、四川都江堰、云南潞西、新疆阿克苏为长寿地区。研究结果表明，这5个地区的共同特点是土壤中的硒含量都很高。例如广西巴马的每百克土壤中硒含量为10微克，是别的地区的10倍。

江苏如皋是著名的长寿村，专家和记者去采访时问当地的农民，“能不能告诉我们，你们的长寿秘诀是什么？比如你们每天吃些什么？”老人们的回答出乎意外，“我们能吃什么！还不是萝卜干和白菜。”说者无意，听者有心。专家们测量后才明白，原来如皋的萝卜干和白菜中硒含量要比别的地区的同类产品高出几十倍，这也导致如皋老人们血液中的硒含量是常人的3倍。采访组最后临走时都带了不少萝卜干回去。

浙江奉化南岙村也是著名的长寿村，原因也是土壤中的硒含量高而使当地农产品中的硒含量偏高。

第三，硒还是防衰老元素。硒是红细胞中抗氧化剂的重要成分，充足的硒可促使这种抗氧化剂有效地将人体内的过氧化氢转变为水；此外，含有硒的多种酶能够调节甲状腺的工作，参与氨基酸等的合成。

小品：硒在哪里？

生命微量元素硒必须从外界摄入，那么硒在哪里呢？

麦饭石是自然界的一种矿石，富含微量元素硒和锌。只要将麦饭石放在水中煮，总有一些硒化合物溶在水中，喝下这种水就能补充硒。

海生食物和动物内脏的硒含量较高。例如，鱿鱼干的硒含量为156微克/百克，猪肾的硒含量为111.8微克/百克。

蔬菜中硒含量最高的是金花菜、荠菜、大蒜、蘑菇，其次为豌豆、大白菜、南瓜、萝卜、韭菜、洋葱、番茄、莴苣等。

蛋类和肉类也含有较多的硒。例如，猪肉每百克含硒10.6微克，鸡蛋每百克含硒23.6微克。

人参之所以好，也是因为它含有硒，每百克人参的硒含量为15微克，花生也是含硒较多的，硒含量为13.7微克/百克。

8.1.2 生命动力元素:碘

碘(I)是人体内甲状腺素的主要成分。人体中碘集中在甲状腺中。甲状腺将碘和氨基酸结合成甲状腺素，再分泌入血液送到全身以刺激组织细胞，使其发生正常的活动。小孩和青年人的甲状腺体分泌较多，所以比较活泼，这也是甲状腺素是生命动力的原因。缺碘不仅缺少生命的动力，还会得“大脖子”病，碘元素在人体中不可缺少。它需要通过食物被摄入体内，海生植物内含碘量高，经常吃海带之类的食物，就不会缺碘，因而沿海居民很少得缺碘症。我国内陆及山区的人，补碘就很困难，缺碘症是那里的常见病。

为了全国大多数人民的健康，政府决定在食盐中添加碘，1994年国家正式公布食盐加碘条例以防治缺碘症，所以市场上出售的食盐都是加碘盐，加碘量为20～60毫克/千克。

然而，食盐中加碘后出现了一些新的情况。首先，患有甲状腺亢奋的病人绝对不能补碘，他们不能食用加碘盐，政府部门为他们设置了专卖无碘盐的商店。

其次，医学方面提供的数据表明，自从食盐加碘后碘疾病的病例明显上升，对食盐加碘提出质疑，更有全国政协委员提出停止食盐加碘的“一刀切”做法。

食盐加碘已经引发争论，在没有把问题调研清楚之前，政府部门已经把加碘量从原来的60毫克/千克降到50毫克/千克。

思考：究竟该不该加碘？

既然在食盐中加碘有争议，我们不妨从调查数据来进行分析。世界卫生组织推荐：每天摄入的碘量以150～300微克为宜。中国居民人均摄入食盐量为11～17克，按目前我国食盐中所加的碘量计算，对应的碘量为220～850微克。然而这只是摄入的量，到底人体吸收多少呢？专家们认为必须从排出的尿液中去确定。世界卫生组织认为：

表8.1.3 尿碘量的测定

尿碘量(微克/升)	＜100	100～200	＞300
结论	缺碘	最佳	过量

在食盐加碘之前的1992年和之后的1995年曾对全国和上海市作过尿碘量的普查，结果如下：

表8.1.4 1992年和1995年全国和上海的尿碘量测定

尿碘量(微克/升) / 地区 / 时间	全国	上海
1992年	241	173
1995年	246	198

根据表8.1.3和表8.1.4的数据，你是否能够自己来分析下面的3个问题：

(1) 碘疾病增加是否由食盐加碘引起？

(2) 所有食盐全都加碘是否妥当？

(3) 正确的做法是应该如何供应食盐？

8.1.3 支撑人体的元素:钙

钙(Ca)是人体牙和骨骼的重要组成部分,所以说它是支撑人体的元素一点也不为过。医学上认为钙还是人体内的信息传递物质,它有维持组织,尤其是肌肉和神经正常反应的功能,血液和体液中的钙量是一定的,多了会使肌肉和神经迟钝,少了就过度敏感。风疹块就是因血液中缺钙而发生的,治疗的方法就是静脉注射葡萄糖酸钙。

血清钙质必须维持在一定的范围内。一旦少于这个数值,就必须由骨骼中的钙来补充;而高于这个数值时,再将多余的钙储存于骨骼之中或排泄。血液和骨骼之间的这种钙交流是受甲状旁腺的"管制",甲状旁腺激素使骨骼脱钙以补充钙。若甲状旁腺素分泌太少,或作甲状腺手术时误将甲状旁腺一并割除,血钙就会减少,常会发生抽搐等症;若分泌太多,骨质大量脱钙后变得疏松而不坚固,若血钙增加,细胞迟钝。然而钙究竟是如何实现信息传递的,至今仍然是个谜。

链接:哪里来的钙?

有一条科研单位传出的信息:一群中医专家为了搞清针刺的作用和机理,在针刺前后测量穴位周围体液中化学物质的浓度。结果发现,当金针插入穴位后,其周围体液中的钙离子浓度骤增500倍。

这些钙离子是从哪里来的?来干什么?何以来得那么快?这些问题医生们不知道,化学家们也不知道。我们能够体会,解开生命运动的奥秘对人类的健康是多么重要!

维生素D促进血液里的钙和磷浓度增加,并将部分存储于骨骼之中,使骨骼钙化。所以,缺少钙和维生素D都会造成骨骼生长阻碍。

成人每日需要的钙量约为0.7克;正在发育的小孩则要多些,约1克左右;怀孕妇女由于胎儿需要,更应多补钙。补钙的同时不要忘记补充维生素D。

8.1.4 应急性物质钠和钾

钠和钾是维持体内渗透压、酸碱度,以及肌肉和神经细胞的应急性物质。细胞内由钾来维持,细胞外则由钠来维持。这两个元素在生理上都十分重要。

人体缺钠会感到头晕、乏力,长期缺钠易患心脏病,并可导致低钠综合征。钠在出汗和排泄时都会被带走,所以人每天都要补充钠。在人体大量失水后更应该及时补充,高温工作者或运动员的饮料中要添加适量的食盐,水泻病人更需要补充生理盐水。一般成年人的食盐摄入量以4～10克/天为宜,高血压患者则以1～3克/天为宜。1988年5月在斯德哥尔摩召开的“食盐与疾病”国际研讨会上,有报告说人体随钠盐摄取量的增加,骨癌、食道癌和膀胱癌的发病率也增加;如果增加钾盐的摄取量,则胃肠癌的发病率成比例下降。也有报告在饮食中以部分镁盐和钾盐取代钠盐,会对糖尿病、高血压和骨质疏松有一定疗效。市场上低钠盐的出现,就是为适应这一需要而生产的。

钠还和水肿有关,水肿组织中由于含过多钠盐,水就由外向内渗透而造成水肿。因此水肿病人应少食盐。

§8.2 人类健康的基石——合成药物

化学学科对于人类健康的贡献还表现在化学为人类提供了合成药物。

人类的平均年龄正在不断增加,1900年时仅45岁,1980年时已是70岁,到2000年则突破了78岁。其中一个重要的原因就是人类拥有了愈来愈多的药物。第一次世界大战时,医生能够使用的药物仅十几种,而现在已经快数不清了。化学在合成药物中的作用举足

轻重，让我们略举几例来看一看化学在合成药物中的重要性。

8.2.1 酸碱功能的妙用

1. 导弹式的胃药

人体的胃壁上有成千上万个细胞，它们不断分泌胃酸，其作用是抑制细菌的生长，以及促进食物的水解以便消化食物。在正常情况下，这些酸不会伤害胃的内壁，因为内壁的黏膜细胞以每分钟50万个的速度在更新。但是分泌的酸过量或者胃部有溃疡时，人就会感觉不适，特别是有胃溃疡的病人会有刺痛感。针对这种症状，医学上就有了制酸剂。例如，开始使用碱性的碳酸氢钠（小苏打）、碳酸钙或碳酸镁等。后来发现若同时使用增强黏膜保护的药物会获得更大疗效，于是就有了氢氧化铝和氢氧化镁药物，它们极为有效地形成一层保护性薄膜阻止胃酸对溃疡的作用。尤其是氢氧化铝，它是一个两性化合物，在水溶液中存在下列两种方式的电离：

$$Al^{3+} + 3OH^{-1} \rightleftharpoons Al(OH)_3 \rightleftharpoons H_3AlO_3 \rightleftharpoons H^+ + AlO_2^- + H_2O$$

上述平衡遇酸向左移动，遇碱则向右移动，起到调节胃酸酸度的作用。但这种氢氧化铝薄膜将整个胃壁都覆盖，这样也会造成胃壁的不适。

现在化学家和药学家们发明了一种叫柠檬酸铋的胶体，妥善地解决了这个矛盾。柠檬酸铋在酸性情况下不会发生沉淀，所以在胃壁上不会有沉淀物；但当柠檬酸铋到达溃疡部位时，它立刻生成胶体沉淀、覆盖在溃疡部位，保护它不受酸的侵袭。医生告诉我们，溃疡部位是碱性的，柠檬酸铋正好在碱性中会发生沉淀，这样就选择性地保护了溃疡部位，又不致造成胃壁不适。

2. 神奇的"外衣"

阿司匹林是一种价廉物美的药物，有镇痛解热的效果，尽管作用缓和，但因无副作用而深受人们偏爱。阿司匹林的缺点是对胃壁有刺激，服用后会有不适的感觉，甚至会降低食纳。一种新型的阿司匹林是让它穿上一件"外衣"，这件外衣在胃部的酸性环境中不会溶解，但它会在微碱性的肠中溶解。药物的吸收本来就是在肠道中进行的，这件外衣就起到了一举两得的效果，既不伤害胃部，又可以让药物被肠道吸收。这种巧妙的外衣是由甲基丙烯酸的共聚物制成的。

现在人们已经能够为药物穿上各种“外衣”，让药物在各种环境中溶解都可以。这里我们可以看到又一次利用了酸碱功能。

小品：酸碱度的衡量——pH 值

把某些物质称为酸，最初是因为它们在味觉上感觉到酸味。在阿拉伯语中的“醋”为“acetom”，而酸性是“acidue”，这就是英语中“acid”(酸)的来源。后来人们又发现某些物质能把酸味除去，例如草木灰就可以中和掉酸味，人们就把能中和掉酸味的物质称作碱。阿拉伯语就将“草木灰”一词作为碱(alkali)的代名词。

人们不满足于定性地区分物质的酸碱性，在以后的研究中试图去研究酸性的来源以及如何去度量它们的酸性强弱。1887 年阿累尼乌斯首先提出电离学说，他认为在溶液中能电离出氢离子(H^+)的话，它就有酸性，而酸的强度就是视其电离出的 H^+ 多少而定；而能够在水溶液中电离出 OH^- 离子的物质则为碱。酸碱的中和就是 H^+ 和 OH^- 形成难以解离的水带来的结果。

实验证明水是一种很弱的电解质，它只有很微弱的导电能力。这是因为只有很少一部分水发生电离：

$$H_2O \rightleftharpoons H^+ + OH^-$$

精确实验测得，在 25℃的纯水中，离子的浓度如下：

$[H^+] = 1.004 \times 10^{-7}$ 摩尔/升，$[OH^-] = 1.004 \times 10^{-7}$ 摩尔/升，

$[H^+]$和$[OH^-]$相等。酸性是指$[H^+] > [OH^-]$，而碱性是指$[H^+] < [OH^-]$。在室温下，可以这样定义：

酸性 $[H^+] > 1 \times 10^{-7}$ 摩尔/升；中性 $[H^+] = 1 \times 10^{-7}$ 摩尔/升；碱性 $[H^+] < 1 \times 10^{-7}$ 摩尔/升。

水溶液的酸性、中性和碱性可以统一以$[H^+]$来表示，中性就是酸碱性的界限。

然而，1×10^{-7}这个数字太小，在作对比或计算时往往非常麻烦。索仑生提出了一项改善方法，即采用H^+离子浓度的负对数方法来表示，这就是pH值方法。定义pH为$pH = -\lg[H^+]$。

例如：当$[H^+]$为0.005 5摩尔/升时，

$$pH = -\lg[H^+] = -\lg 0.005\,5 = -\lg(5.5 \times 10^{-3}) = 2.26。$$

因为是负对数的关系，因此pH值越小，$[H^+]$越大，酸度越高；相反，pH值越大，$[H^+]$越小，酸度越低。

酸性溶液 $pH < 7$；中性溶液 $pH = 7$；碱性溶液 $pH > 7$。

借助于颜色的改变来指示溶液pH值的物质称为酸碱指示剂。常用的有石蕊、酚酞、甲基红等。

石蕊遇酸变红，遇碱变蓝；酚酞遇碱变红，遇中性或酸性为无色。实验室常用的pH试纸，就是用石蕊制成的小纸片。用这种小纸片与被测物品接触，然后根据纸片的颜色，就可确定被测物品的酸碱度。

小品：看似魔术，实则化学

上课时讲台上多了一个平时不多见的东西：两个铁架中间架起一条白布横幅，横幅上什么也没有。只见教师手拿一个喷壶，向同学要了一点矿泉水倒在瓶中，然后喷向白布。只见白布上立即出现一排红色的字样“magic?”。同学们都很奇怪，水怎么会让白布显出红色的字样呢？这个演示看似魔术，实际上却是化学中的显色反应。

原来，教师早用无色的酚酞酒精溶液在这块白布上写下这些字，待酒精挥发之后，白布上毫无痕迹。而酚酞是一种酸碱指示剂，在遇到酸性或中性时无色，但遇到碱性时会变成红色。教师手上的喷瓶里早已预先倒入碱溶液，向同学要点矿泉水只是障眼法，实际上喷在白布上面的是碱溶液。白布上原先用酚酞溶液写好的字一遇上碱溶液马上就变成红色，实际上这就是化学的变色反应。知道了这个原理，同学们不妨也可以用相同的方法为晚会或各种聚会制造一点欢乐气氛。

8.2.2 染料救了女孩的命

1935年德国病理学家多马克(G. Domark，1939年诺贝尔生理和医学奖获得者)偶然发现，经染羊毛的一种红色染料(Prontosil)着色的培养基不会发霉长毛，于是认定这种染料有杀菌作用。后来，他女儿受链球菌感染，伤口溃疡不愈，并伴随有高烧。20世纪30年代时医生们药箱中的药物少得可怜，在无药可治的情况下，他让自己的女儿服用了这种染料。奇迹果然发生了，他女儿的病被治愈了。可是，当医学院用这种染料去做标准灭菌试验时，却一点儿也看不到这种染料有杀菌作用。这究竟又是怎么回事呢？

化学家解释：这种染料是一种偶氮化合物，

$$NH_2-C_6H_3(NH_2)-N{=}N-C_6H_4-SO_2NH_2$$

其偶氮键在酸性中很容易被破坏，分解成两个部分：

$$NH_2-C_6H_3(NH_2)-NH_2 \text{ 和 } H_2N-C_6H_4-SO_2NH_2$$

而人的胃部呈酸性，染料在胃部发生分解，原来的染料早已不复存

在，应该做分解产物的灭菌试验。果然，医生们证实产物中具有极强杀菌作用的是

$$H_2N-C_6H_4-SO_2NH_2$$

化学家根据这种结构，模拟合成大批类似的化合物，经动物试验发现都有很好的杀菌作用。到1964年为止，大约有5 000多种磺胺类化合物被合成和进行了药效试验，其中确定有疗效并成为正规常用的药物有十几种。

链接：磺胺药物

ST $H_2N-C_6H_4-SO_2-NH-$（噻唑-2-基）（磺胺噻唑）

SD $H_2N-C_6H_4-SO_2-NH-$（嘧啶-2-基）（磺胺哒嗪）

SG $H_2N-C_6H_4-SO_2-NH-C(=NH)-NH_2$（磺胺脒）

SMZ $H_2N-C_6H_4-SO_2-NH-$（5-甲基异噁唑-3-基，$-CH_3$）（新诺明）

磺胺药物之所以可以杀灭细菌，是因为它们能阻止细菌生长所必需的维生素——叶酸的合成。在叶酸的合成过程中，需要一个关键组分，即对氨基苯甲酸。磺胺的结构与对氨基苯甲酸十分相似，因此也就非常容易“冒名顶替”，搅乱了叶酸的生成，细菌因缺乏维生素而不能生存。人类体内合成叶酸不需要对氨基苯磺酸或对氨基苯磺酰胺。

8.2.3 蛇毒的启迪——新药开发

人类需要不断与各种疾病作斗争，特别是要针对那些威胁人类生命的疾病。无论是治病还是保健，都需要有更新、更有效的药物。当前导致人类死亡的第一号疾病当数心脑血管病，该病最常见的症状就是高血压。20 世纪 80 年代开发的治疗高血压的新药开博通，就是在蛇毒的启发下研制成功的。

巴西科学家对南美矮窝毒蛇的研究引起了人们的注意，他们发现，小动物一旦被这种毒蛇咬伤后，立刻全身瘫痪、不能动弹。这与常理相背，因为任何动物受到攻击时一定会反抗，有一句成语“垂死挣扎”说的就是即使到了生死存亡的危急时刻会拼命反抗，可这些小动物为什么会一动不动、束手待毙呢？研究结果表明，这些小动物被咬之后，血压立刻降至零。生物化学的研究表明，在蛇毒中有一种多肽物质是导致血压降到零的关键物质。化学家模拟这种多肽的结构，并进行修饰合成，也就是适当对该物质的结构进行改动，合成出与蛇毒类似却又不完全相同的一些化合物。经动物试验及临床试验，证实合成药物具有极好的降压效果，但又不会让血压降到零，这就是新的降压药卡托普利(又命开博通)。

小品：血压调节机制

人类维持生命需要有正常的血压，一旦出现不正常，人体内会自动进行调节。如果血压过低，体内有一种称为“血管紧张素 2”的物质就会将血压调高。但是在平常的情况下，人体内只有不能调节血压作用的血管紧张素 1。当血压降低时，体内的血管紧张素转换酶(ACE)自动将“1”转换为“2”以调高人的血压。如果血压过高，人体内还有一种“舒缓激肽”的物质会被激活而去降低血压。人体就是靠着这种机制来维持血压正常的。

蛇毒的多肽物质内有一种舒缓激肽潜在因子(BPF)，它一方面可以激活舒缓激肽而导致降压，另一方面，它还会阻断 ACE 被激活，从而干扰了“2”的产生，使血压不能升高，如图 8.2.1 所示。

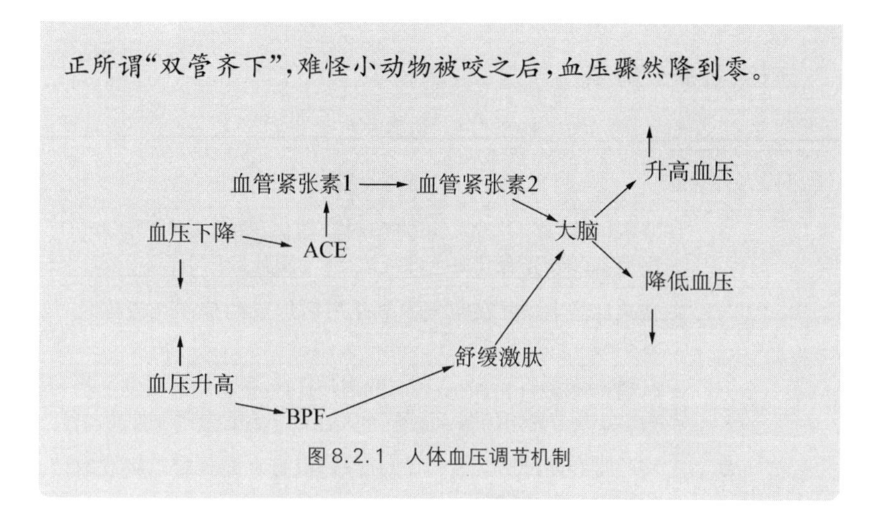

图 8.2.1　人体血压调节机制

8.2.4　慎用药品　远离毒品

尽管合成药物可以为人类治病和保健，但有些药物同时会带来一些副作用，因此必须谨慎使用。

在常用的抗生素中，链霉素会导致听力下降；四环素会造成牙齿色斑；青霉素对有些人会发生过敏，在注射青霉素前必须先做过敏试验。此外，常服抗生素还会产生抗药性，这也是抗生素的品种如此之多、换代如此之快的原因。

又如，止痛药是人类生活中常用的药物。当你感到头痛，就会想到阿司匹林(aspilin)；当你去补牙或抽去牙神经时，医生就会使用奴佛卡因(novocain)；当某些更严重的疼痛来临时，就可能使用可待因(codeine)或吗啡(morphine)。如果大量使用这类药物且使用不当时，就会有危险发生，服用过量甚至会成为杀手。这是因为许多止痛药都有上瘾性，一旦上瘾，极难自拔。如临床上使用的吗啡和杜冷酊等都必须控制使用。至于那些上瘾性极强的海洛因(heroine)则是毒品，绝对不能碰。

链接:毒品一览表

表 8.2.1 毒品一览

毒品名称	特　性
罂粟	草本植物,夏季开花,花瓣脱落后,露出果实,称为罂粟果。用刀割开外壳有乳白色汁液流出,为鸦片的原料。
鸦片	罂粟汁经干燥并在空气中氧化后所形成的棕褐色或黑色膏状物。民间也称"鸦片烟"等。
吗啡	从鸦片中提炼出来的一种麻醉剂,为白色针状结晶或结晶状粉末。有苦味,溶于水,略溶于酒精。虽入药但须控制使用。
海洛因	将吗啡和醋酐回流后制得的产品,极易上瘾且难以解脱的极毒品。民间称谓"白粉"。
大麻	一年生草本植物,其树脂中有一种物质称为四氢大麻酚,是一种致幻剂。
可卡因	最强的天然中枢神经兴奋剂,呈白色晶体状、无嗅、味苦而麻,可从美洲大陆的"古柯"灌木中提取的毒品。
冰毒	一种兴奋剂,其成分为甲基苯丙胺,也称"安非他明"。因其原料外观为纯白结晶体,晶莹剔透,故被吸毒者和贩毒者称为"冰"。
摇头丸	由冰毒制备的毒品,会使人极度兴奋并竭力摇头。俗名"迷魂药(ecstasy)"、"摇头丸"。
K 粉	K 粉是氯胺酮的俗称,英文 Ketamine,俗称为"K 仔"或"茄",其学名为氯胺酮(Ketamine),又称为开他敏,是一种非巴比妥类静脉全麻药。临床上用作手术麻醉剂或麻醉诱导剂,具有一定的精神依赖性潜力。

此外,生活中要提倡科学服药,因为药物治病的针对性很强,所以服药必须遵照医生的指示,切勿随便盲目乱用。合成药物均有一定的保质期,过期的药物绝对不能服用,否则可能会产生严重后果。同时服用几种药物时,还要了解这些药物之间会不会互相产生作用,以免造成不良后果。

第9篇

食品安全

图 9.0.1　食品安全关乎民生

“民以食为天，食以安为先”，这充分说明食对人类的重要性。由于生活质量的提高，从吃饱到吃好，人们对食的要求也愈来愈高。食品安全自然而然成为吃好中的第一要素。随着媒体的不断曝光，“苏丹红事件”、“三聚氰胺事件”、“瘦肉精事件”、“塑料奶瓶事件”、“塑化剂事件”等等，人们不由产生恐惧心理，似乎已经没有东西可以放心去吃。很多人闻食品添加剂而色变，无所适从。其实，大可不必如此。只有对这些已曝光的有害物质有一定的了解，我们就能理性地去对待。

§9.1　食品添加剂

食品添加剂通常是指有意识地一般以少量添加于食品，以改善食品的外观、口味和延长贮存时间的非营养物质。我国《食品安全法》对食品添加剂定义如下：改善食品品质、色、香和味以及为防腐、保鲜和加工工艺的需要而加入食品中的人工合成或者天然物质。所以它本身不是食品，只要是允许和合法的食品添加剂，就不会造成对人体健康的危害。从某种角度来看，没有食品添加剂，我们的饮食文化就不精彩。大家可以感受到的食品的色、香、味几乎都来自于食品添加剂。然而，在食品中或者在食品加工中添加不被允许的，也就是非法的添加剂，那是绝对不行的。所以，国家对食品行业有严格的规定，严禁使用非食用物质生产的食品添加剂以及来源不明的食品添加剂，严肃查处超范围、超限量等滥用食品添加剂的行为。我国《食品添加剂使用卫生标准(GB 2760—1996)》将食品添加剂划分为 22

类：①酸度调节剂；②抗结剂；③消泡剂；④抗氧化剂；⑤漂白剂；⑥膨松剂；⑦胶姆糖基础剂；⑧着色剂；⑨护色剂；⑩乳化剂；⑪酶制剂；⑫增味剂；⑬面粉处理剂；⑭被膜剂；⑮水分保持剂；⑯营养强化剂；⑰防腐剂；⑱稳定剂和凝固剂；⑲甜味剂；⑳增稠剂；㉑食品香料；㉒其他。以下就介绍几种常用的食品添加剂。

9.1.1 防腐剂

食品防腐剂是能防止由微生物引起的腐败变质、延长食品保藏期的食品添加剂。因兼有防止微生物繁殖引起食物中毒的作用，又称抗微生物剂食品防腐剂，是抑制物质腐败的药剂。它能在不同情况下抑制最易发生的腐败作用，特别是在一般灭菌作用不充分时仍具有持续性的效果。

防腐剂通常在保存食品中都会添加，如方便面、罐头食品、袋装榨菜等食品中都有防腐剂。最常用的有苯甲酸钠（也称安息香酸钠）、山梨酸钾等。我国允许使用的防腐剂多达几十种，只要使用的品种、数量和范围，严格控制在国家标准（《食品添加剂使用卫生标准》）规定的范围之内，是绝对不会对人体健康造成损害的，完全可以放心大胆地食用。

正常被允许使用的食品防腐剂应符合下列条件：

(1) 性质较稳定：加入到食品中后在一定的时期内有效，在食品中有很好的稳定性；

(2) 低浓度下具有较强的抑菌作用；

(3) 本身不应具有刺激气味和异味；

(4) 不应阻碍消化酶的作用，不应影响肠道内有益菌的作用；

(5) 价格合理，使用较方便。

目前世界各国所用的食品防腐剂约有 30 多种，中国有 28 个品种。防腐剂按来源可分为化学防腐剂和天然防腐剂两类。化学防腐剂又可分为有机防腐剂和无机防腐剂。前者主要包括苯甲酸、山梨酸等，后者主要包括亚硫酸盐和亚硝酸盐等。天然防腐剂通常是从动物、植物和微生物的代谢产物中提取，如乳酸链球菌素是从乳酸链球菌的代谢产物中提取得到的一种多肽物质。

食品防腐剂在生活中十分重要。众所周知，食品保管不当，就会发生变质，例如吃剩下的食品中会有许多细菌存在，如果没有及时放入冰箱，细菌就会滋生繁殖而使食品腐败。举个极端的例子，有一种肉毒菌，它会制造出世界上最毒的肉毒素，只需 1 克即可毒死 200 万人，是氰化钾（山奈）毒性的 20 万倍。又如黄曲霉，它所产生的黄曲霉毒素是最强的致癌物质之一，黄曲霉毒素的毒性是氰化钾的 20 倍。如果食品在加工和储存过程中沾染了这些有害微生物，时间长了之后，食品就成了毒品。食品防腐剂正是为了消除这种隐患，同时也让食品不变味、不失去营养而添加的。市场上常见有的食品特意标明“本品不含防腐剂”，这是一个误区，保存食品若不加防腐剂，那反而是更危险的食品。

9.1.2　食用色素

食用色素是色素的一种，即可以允许摄入并可使食物在一定程度上改变原有色泽的食品添加剂。天然食品的颜色比较单一或者不够丰富，且在加工保存过程中容易褪色或变色。为了改善食品的色泽，人们常常在加工食品的过程中添加食用色素以改善感官性质。食用色素的使用历史悠久，没有食用色素，就没有食品的五彩缤纷。

对食品着色和改善食品色泽的食品添加剂有天然物和合成物两种。天然着色剂绝大部分来自植物组织，特别是水果和蔬菜，安全性高。它还包括动物色素及无机色素，经长期使用确认对人体一般来说是无害的，如红曲、叶绿素、姜黄素、胡萝卜素等。有的食用色素还兼具营养作用，如 β-胡萝卜素、红曲色素等。我们平时从熟食店买回的红色酱肉，就是用了红曲才有如此鲜亮的颜色。人工合成食用色素，是用煤焦油中分离出来的苯胺染料为原料制成的，故又称煤焦油色素或苯胺色素，如合成苋菜红、胭脂红及柠檬黄等。这些人工合成的色素过量时易诱发中毒、腹泻甚至癌症，对人体有害，故不能超过规定的用量或尽量不用。

国家批准允许使用的食用天然色素共有 48 种，如甜菜红、姜黄、红花黄、紫胶红、越橘红、辣椒红、辣椒橙、焦糖色、红米红、菊花黄浸膏、黑豆红、高粱红、玉米黄、萝卜红、红曲米等。

合成着色剂的原料主要是化工产品，是通过化学合成制得的有机色素，我国《食品添加剂使用卫生标准》列入的合成色素有胭脂红、苋菜红、日落黄、赤藓红、柠檬黄、新红、靛蓝、亮蓝、二氧化钛(白色素)等。与天然色素相比，合成色素颜色更加鲜艳，不易褪色，且价格较低。

9.1.3 食品增稠剂

食品增稠剂又称食品稳定剂、食品胶。它是指在水中溶解或分散，能增加流体或半流体食品的黏度，并能保持所在体系相对稳定的亲水性食品添加剂，在食品工业中有着广泛用途。食品增稠剂能改善食品的物理性质，赋予食品以黏滑感，也是可用作乳化剂的稳定剂。它的种类很多，大都由植物和藻类制取，如淀粉、果胶、琼脂和海藻酸等，也有从蛋白质的动物原料制取，如明胶和酪蛋白等。少数是人工合成的，如聚丙烯酸钠。常用的食品增稠剂有淀粉、琼脂、明胶、藻蛋白酸钠、果胶、羧甲基纤维素。植物胶类有阿拉伯树胶、瓜尔豆胶和黄原胶等。

生活中常常可以见到增稠剂，如果冻、酸奶等中有食品增稠剂。化妆品中也有增稠剂，如洗发水和洗洁精中一定会加，否则倒出来就会流失。

9.1.4 食用香精

食用香精由各种食用香料和许可使用的附加物调和而成，是用于使食品增香的食品添加剂。食用香精调香的目的主要是模仿天然瓜果等食品的香和味，注重于香气和味觉的仿真性。

食用香精是食品工业必不可少的食品添加剂。在食品添加剂中它自成一体，有千余个品种。食用香精可分为下面的两种：

(1) 天然香精。它是通过物理方法，从自然界的动植物(香料)中提取出来的完全天然的物质。例如，香草提取物、可可提取物、草莓提取物、薄荷油、茴香油、肉桂(桂花)油、桉树油、橙油、柠檬油、柑橘油等。目前全世界有 5 000 多种能提取食用香精的原料,常用的有 1 500 多种。

(2) 人工合成香精。它是用人工合成的化学方法得到的。只要香精中有一种原料物质是人工合成的,即为人工合成香精。如柠檬香精就是化学合成的食用香精。

9.1.5 甜味剂

甜味剂是指赋予食品或饲料以甜味的食物添加剂。世界上使用的甜味剂很多,按其来源可分为天然甜味剂和人工合成甜味剂。

葡萄糖、果糖、蔗糖、麦芽糖、淀粉糖和乳糖等糖类物质,虽然是天然甜味剂,但因长期被人食用,且是重要的营养素,通常被视为食品原料,在我国不作为食品添加剂。

由于人工合成甜味剂产生的热量少,对肥胖、高血压、糖尿病、龋齿等患者有益,加之又具有高效、经济等优点,因此在食品工业特别是软饮料工业中被广泛应用。人工合成甜味剂的安全性经过国内外多项研究表明,只要生产厂家严格按照国家规定的标准使用,并在食品标签上正确标注,对消费者的健康就不会造成危害。但如果超量使用,则会危害人体健康,为此国家对甜味剂的使用范围及用量进行了严格规定。如阿斯巴糖要比蔗糖甜 200 倍,所以用量极少,这样就既不会产生过多的热量,也不会伤害人体的健康。

9.1.6 膨松剂

膨松剂是指在食品加工中添加于生产焙烤食品的主要原料小麦粉中,并在加工过程中受热分解、产生气体,使面胚膨胀泡起,形成多孔状态,从而使制品具有膨松、柔软或酥脆的一类添加剂。

膨松剂在食品制造中具有重要的地位,面包、蛋糕、馒头等食品的特点是具有海绵状多孔状态,因此口感柔软酥松。在制作上为达到此种目的,必须使面团中保持有足量的气体。物料搅拌过程中混入的空气和物料中所含的水分在烘焙时受热所产生的水蒸气,能使产品产生一些海绵状组织，但要达到制品的理想效果，气体量是远远不够的，所需气体的绝大多数是由膨松剂所提供。

膨松剂有碱性膨松剂和复合膨松剂两类。前者主要是碳酸氢钠（小苏打）产生二氧化碳，使面胚起发，而淀粉等则具有有利于膨松剂保存、调节气体产生速度、使气泡分布均匀等作用。复合膨松剂的配方很多，且依具体食品生产需要而有所不同。

膨松剂还可以分为生物膨松剂和化学膨松剂两大类。

(1) 生物膨松剂是以各种形态存在的品质优良的酵母。在自然界广泛存在，使用历史悠久、无毒害、培养方便、廉价易得、使用特性好。

(2) 化学膨松剂也称合成膨胀剂，一般是碳酸盐、磷酸盐、铵盐和矾类及其复合物。这些物质都能产生气体，在溶液中有一定的酸碱性。使用合成膨胀剂不需要发酵时间，但是比酵母的膨胀力要弱，也缺乏香味，还有残留特殊后味（如氨味）的毛病。

§9.2 理性认识食品添加剂

9.2.1 没有食品添加剂，生活将不精彩

食品添加剂是人类生活中必不可少的东西，没有食品添加剂，就没有了食品的五彩缤纷和多滋多味，不能因为有人在食品中添加了不法或有害的添加剂就谈添加剂色变。

9.2.2 相信政府检测部门的工作

国家对食品添加剂的监控是全方位的，为做好进出口食品添加剂的检验监管工作，国家质检总局和国家有关部门共同组织专家收集了国内外食品添加剂标准及相关检测方法 394 项，其中国家标准 262 项、美国食品化学法典及 JECFA 标准等国外标准 132 项。要相信政府是有能力监管好食品添加剂的。

9.2.3 剂量决定毒性!

再好的东西超量就有可能成为毒物。而极微量的有害物质,即使摄入体内也不必惊慌。中国著名食品安全专家陈君石院士说,任何东西吃多了都有害,水喝多了一样死人,盐吃多了一样中毒,这就是基于剂量决定毒性的概念。

世界卫生组织和国际粮农组织食品添加剂专家联合委员会第57届会议,对苯甲酸作出最新的风险评估,规定每日允许摄入量(ADI),即终身摄入对人体健康无不良影响的剂量为0~5毫克/千克,这相当于60千克重的成人终身摄入的无毒副作用剂量是每天300毫克。中国规定苯甲酸钠在饮料中的最大使用量为0.2克/千克,也就是说,一个成年人每天喝1升饮料,其中含有的苯甲酸钠为200毫克,比国际规定的ADI值还要低。

小品:塑化剂风波

台湾在2011年5月底爆发的一系列食品安全事件,起因是市面上部分食品遭检出含有塑化剂,进而被发现部分上游原料供应商在常见的合法食品添加物"起云剂"中,使用廉价的工业用塑化剂以节约成本。除了最初被披露的饮料商品之外,影响范围扩及糖浆、糕点、面包和药品等。

塑化剂又称增塑剂或酞酸酯,这次被检出的是邻苯二甲酸二辛酯。也就是媒体上报道的DEHP,它是英文名称"di(2-ethylhexyl)phthalate"的缩写。它究竟是怎样的东西呢?

请注意下列结构式的变化:

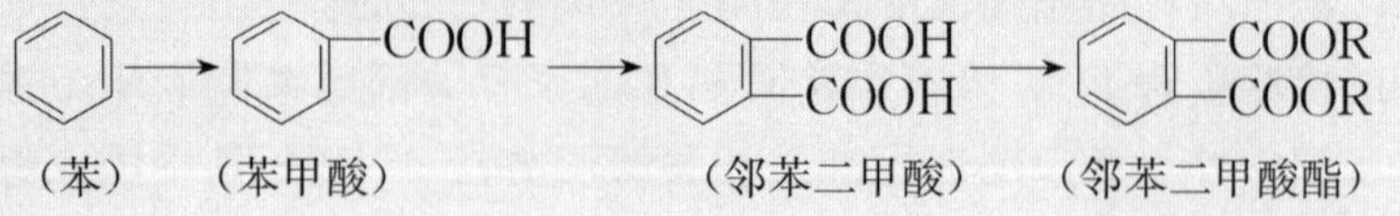

(苯) → (苯甲酸) COOH → (邻苯二甲酸) COOH COOH → (邻苯二甲酸酯) COOR COOR

6个碳原子形成的六元环是苯，苯上接一个甲酸为苯甲酸，接两个甲酸为苯二甲酸，由于处于相邻位置，就叫邻苯二甲酸，酯化之后就成为邻苯二甲酸酯。R代表不同碳链的基团，DEHP的R为8个碳原子的基团。

“起云剂”是一种合法食品添加物，经常使用于果汁、果酱、饮料等食品中，是由阿拉伯胶、乳化剂、棕榈油及多种食品添加物混合制成。塑化剂则是一种有毒的化工业用塑料增塑剂，添加后可让微粒分子更均匀散布，因此能增加延展性、弹性及柔软度。塑化剂常作为沙发、汽车座椅、橡胶管、化妆品及玩具的原料，不准作为食品添加剂。但因棕榈油价格昂贵，售价为塑化剂的5倍，不法商人遂以便宜却有毒性的塑化剂取代，加入“起云剂”。

塑化剂DEHP作用类似人工雌激素，体内长期累积高剂量，会造成幼儿性别错乱，包括男孩生殖器变短小、性征不明显、早熟等。目前虽无法证实对人类是否致癌，但对动物会产生致癌，被国际癌症研究中心划分为第三类致癌物，即动物可疑致癌物。同时它还有致畸、致突变的作用。用聚氯乙烯袋(制备时添加DEHP)贮存的血浆保存1天后，有$50\times10^{-6}\sim70\times10^{-6}$的酞酸二辛酯进入血浆，病人使用这种血浆后可引起呼吸困难、肺原性休克等，甚至引起死亡。所以世界上严禁将它作为食品添加剂使用。

邻苯二甲酸酯在环境中分布广泛，按照现代社会的生活方式，完全躲开塑化剂几乎不可能。人们也没必要过度紧张，因为正常生活接触到的塑化剂并不会直接伤害人体，人们的实际接触量要远低于实验接触剂量。塑化剂是否会对人体产生伤害，主要取决于量的多少。有试验也证明，邻苯二甲酸酯在两天之内就可自行排出体外。

9.2.4 要警惕那些绝对不能作为食品添加剂的有害物质

链接:苏丹红事件

曾经发生在快餐汉堡中的红辣椒染色事件,以及后来的红心鸭蛋事件,其罪魁祸首都是苏丹红。苏丹红属于化工染色剂,主要用于石油、机油和其他一些工业溶剂中,目的是使其增色,也用于鞋、地板等的增光。

它的化学结构式如下:

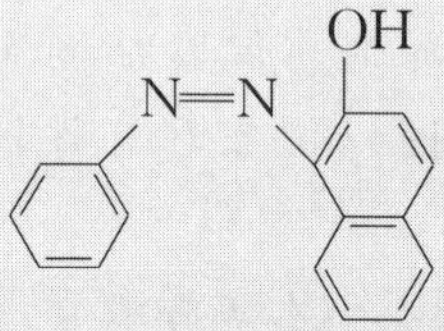

(苏丹红)

这种化学结构的性质(带有萘和偶氮原子),决定了它具有致癌性,对人体的肝肾器官具有明显的毒性作用,绝对不能作为食品添加剂。快餐店为什么要用苏丹红去染色呢?生活经验告诉我们,红辣椒在水中浸泡之后,颜色会褪色,而红辣椒是汉堡的主要原料之一,为了使红辣椒的颜色更鲜亮,于是使用了苏丹红。鸭农为了使蛋黄成为诱人的红色,在鸭饲料中放入了苏丹红。

所以,在购买红色食品时要特别注意,如果颜色红得出奇,就要当心了。尤其是红辣椒产品,更要注意。

§9.3 谨慎对待媒体的报道

媒体上不断有关于食品中有害物质的报道,常常让人无所适从。对此,不能听见风就是雨,必须仔细分析,以免被误导。媒体对食品安全的报道大致有下列3种情况。

9.3.1 人为的操作

报纸曾报道过“可乐中有苯不能喝”，理由是可乐中的防腐剂苯甲酸钠会和可乐中的维生素作用而生成苯。其实，要将苯甲酸钠还原成苯是很难的，即使在实验室进行也很困难，根本就不可能在超市货架上、室温的条件下完成。更何况作为防腐剂其添加量很小，只有千分之一，就算都变成苯，其含量也只有卡车排放尾气的1/8。所以这类报道一定是为商业利益的一种人为操作。

有一年台湾报纸曾报道，“从大陆阳澄湖进口的螃蟹中检出致癌物质硝基呋喃，其量为4.7 ppb。结果阳澄湖的螃蟹无人问津，而台湾本地的螃蟹销路大增。硝基呋喃曾是一种有效的杀菌剂，现在仍允许限量使用。渔民用它来杀菌以延长鱼的存活期。国家规定，每千克海鲜中的硝基呋喃不得超过1毫克。那么，4.7 ppb是一个怎样的概念呢? ppb是千分之一的ppm，ppm则是百万分之一。有专家说“按这个量，即使每天吃一对半斤重的螃蟹，要吃30年才能达到对人的致癌量。”显然这又是一个商业炒作行为，对于这样的报道完全可以不予理睬。

9.3.2 内控而不宜曝光的报道

杀菌剂常常是一把双刃剑，既是杀菌良药，又是致癌物质。中国有句古话，“两利相衡取其重，两弊相衡取其轻。”硝基呋喃就是这样一种药物。不仅渔民们用它来维持鱼儿的存活期，据说人类使用的止泻药中也含有它，但是在使用中必须要严格控制用量。例如，国家规定渔民使用硝基呋喃时要保证鱼体内的硝基呋喃不得超过每千克1毫克。当监察部门查出超量后，不宜立即曝光，而要及时通知渔民要减少用量。“多宝鱼事件”就是一个教训。因为一旦媒体曝光后，市民们不知就里，马上就会不吃多宝鱼，结果差一点让生产多宝鱼的渔场破产。

链接:硝基呋喃

O_2N—〈呋喃环,O〉—CH═N—N〈噁唑酮环,O,C═O〉

（硝基） （呋喃） （唑酮）

上式是硝基呋喃的结构式,也有人称它为硝基呋喃唑酮。

凡含有除碳原子之外的其他原子构成的环,称为杂环。呋喃是含一个氧原子的五元环。唑酮是含一个氧原子和一个氮原子的五元环。酮则是碳原子和氧原子以双键相连的结构。

由于结构复杂的化合物正规的命名太长,大家总以俗名来称呼,这样比较简洁和方便。

9.3.3 需要高度警惕的报道

有一类报道必须引起大家的高度警惕,那就是媒体揭露和曝光不法之徒在食品中添加和使用了对人体有极大危害的物质。例如,上述在饮料和糖浆中添加塑化剂。又如,曾报道过的瘦肉精事件、二噁英事件等。对于这样的食品绝对不能吃。我们欢迎这种报道,更希望国家的检测机构能及时发现和阻止这样的事情发生。

小品:二噁英事件

1999 年 6 月 11 日我国卫生部颁布紧急命令:全国立即从所有货架上把从德国、法国、比利时和荷兰等国进口的乳制品全部撤下。本来这只是一个内部通知,当消息透露之后在老百姓中引起一阵恐慌,大家都不敢喝牛奶了。《人民日报》记者为此专门发表了一篇文章,题目就是“二噁英事件”。文中指出,除了从这 4

个国家进口的牛奶和乳制品外，其余的牛奶都能喝。那为什么这4个国家的牛奶不能喝呢？原来，在这些进口的牛奶和乳制品中检出了极其危险的致癌物质——二噁英。何为二噁英？在化学中把具有下列结构的一类物质称为"二噁英"：

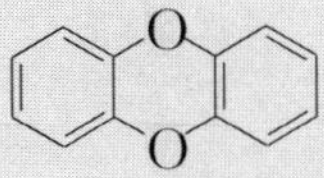

（二噁英）

可以看出，两个苯环中间夹了一个二氧六环。而这次污染牛奶的是四氯二噁英：

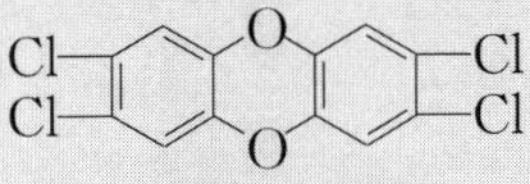

（四氯二噁英）

这是迄今为止在动物试验中的第一号致癌物。

牛奶中为什么会有这样的污染物呢？据生产方解释，他们使用了被四氯二噁英污染的合成油包装桶盛放牛的饲料，于是牛分泌的乳汁中就会有了四氯二噁英。这样的牛奶当然不能喝。

二噁英通常有两个来源：一是化工生产中的副产物，如合成油生产过程中就会有这样的副产物；二是焚烧有机垃圾。生活垃圾中有不少高分子材料，其中会有苯环或氯等，高温下就有可能产生二噁英。所以，一定不能随意焚烧垃圾，见到有人焚烧垃圾时要及时劝阻。

小品：瘦肉精事件

人类生活质量提高之后，喜欢吃瘦肉的人群增多。除去专门培育的瘦肉型品种外，有人发现给猪吃一种"瘦肉精"后，瘦肉的出肉率会大大提高。我们在吃这种猪肉的同时，也将瘦肉精摄入体内。瘦肉精究竟是什么东西呢?

瘦肉精的化学名称叫盐酸克伦特罗,又名双氯醇胺、氨哮素、克喘素,是一种人工合成的 β_2-肾上腺素受体激动剂(β_2-激动剂)。它主要作用于内脏的平滑肌和心肌,具有强效松弛支气管平滑肌的作用。因此,该物质最初是作为支气管扩张剂,用于防治哮喘。

1984 年美国一家公司意外发现高于治疗剂量 5 倍至 10 倍以上的盐酸克伦特罗添加于饲料饲喂动物后,可明显促进动物生长、提高瘦肉率,于是欧美等国开始将其广泛用于动物饲料。

然而,瘦肉精是对人体有毒害作用的一种物质。瘦肉精进入动物体内有吸收快、分布广、脂溶性高、具有残留性积累及半衰期长等特性。在动物体内的残留主要集中在肺、肝、肾脏及肌肉和脂肪组织中,在肝脏和肾脏中的积累性残留与剂量和时间成正比。这种物质的化学性质稳定,要加热到 172℃才会分解,一般加热处理方法不能将其破坏。所以,烹调根本无法破坏它的毒性。当人们食用残留瘦肉精的动物产品后,在 15~20 分钟内就会出现类似植物性神经异常的中毒症状,如心动过速、低血钾、肌肉震颤、头晕、口干、恶心、呕吐、失眠甚至瘫痪等。特别是对心脏病、糖尿病、高血压、青光眼、甲亢、前列腺肥大等病人危害更大。

由于瘦肉精的副作用或中毒危害大,早在 1987 年欧盟、美国已宣布禁止使用瘦肉精作为饲料添加剂,我国政府也于 1997 年发文明令禁止使用瘦肉精作为饲料添加剂。1998 年以来,我国相继发生因食用含瘦肉精的猪肉及其制品而导致的群体中毒事件 17 起,中毒 1 431 人,死亡 1 人。2006 年 9 月中旬,我国上海发生 300 多人食用瘦肉精严重超标的猪内脏、猪肉而中毒的事件。体育运动中已将瘦肉精列为违禁药物,曾出现过个别运动员因误食含有瘦肉精的猪肉而被禁赛的事情。

我们如何识别含有瘦肉精的猪肉呢?

(1) 看该猪肉是否具有脂肪(猪油),如该猪肉在皮下就是瘦肉或仅有少量脂肪,该猪肉就存在含有瘦肉精的可能。

(2) 喂过瘦肉精的猪瘦肉外观特别鲜红,后臀较大,纤维比较疏松,切成二三指宽的猪肉比较软,不能立于案,瘦肉与脂肪间有黄色液体流出,脂肪特别薄;而一般健康的猪瘦肉是淡红色,肉质弹性好,瘦肉与脂肪间没有任何液体流出。

(3) 购买时一定要看清该猪肉是否盖有检疫印章和检疫合格证明。

第 10 篇

诺贝尔及诺贝尔奖

图 10.0.1 阿尔弗雷德·贝恩哈德·诺贝尔（Alfred Bernhard Nobel）

A. B. 诺贝尔 1833 年 10 月 21 日出生于瑞典的斯德哥尔摩，兄弟 4 人中排行第三。

诺贝尔的父亲曾是水手，还当过建筑工程师，热衷和擅长发明创造，人称“发明狂”。由于一次意外的火灾，全家陷入经济困境，老诺贝尔不得不到国外工作，他到过芬兰和俄国。在俄国工作期间，他因为发明了水雷而受到俄国皇室的重用。在诺贝尔 8 岁时，全家迁往俄国的彼得堡，此时诺贝尔在读小学一年级。到了俄国之后，由于语言不通，他没办法继续上学，只好和两个哥哥一起在家里跟母亲学习，所以，诺贝尔没有正规的学历，也没有上过大学，他的学问主要依靠自学而得。

1850 年，17 岁的诺贝尔奉父命前往西欧及美国，考察欧洲国家和美国在机械、化工方面的现状和进展。21 岁时他才回到彼得堡。

受老诺贝尔的影响，兄弟几个都热衷于发明创造，家里就有实验室，也是由于老诺贝尔研究水雷的缘故，诺贝尔对炸药产生极大的兴趣。1862 年诺贝尔注意到意大利化学家索雷多发表的一篇论文，他并不对文章的主要内容——硝化甘油可作为心脏病的急救药而感兴趣，而是被文章末尾的一句话所吸引。索雷多在那篇文章的末尾写道：“硝化甘油是一个脾气暴烈的家伙，无论撞击或是加热都会引起爆炸。”当所有的人把硝化甘油看作心脏病急救药的时候，诺贝尔却开始研究它能否作为一种用于工程建设的炸药。当时欧洲的经济正处于发展阶段，无论采

图 10.0.2 青年诺贝尔

矿、筑路，还是挖隧道都需要爆炸威力较强的炸药，这就是诺贝尔研究硝化甘油的原因。

链接：硝化甘油

丙三醇是有3个羟基的三元有机醇，与硝酸作用后就生成硝化甘油。

$$\begin{array}{l} H_2C-OH \\ \quad | \\ HC-OH \\ \quad | \\ H_2C-OH \end{array} + 3HNO_3 \longrightarrow \begin{array}{l} H_2C-O-NO_2 \\ \quad | \\ HC-O-NO_2 \\ \quad | \\ H_2C-O-NO_2 \end{array}$$

硝化甘油的确是一个脾气暴烈的家伙，1864年9月实验室发生了极大的爆炸事故，5人在这次事故中丧生，其中还包括他的亲弟弟(老四)。面对亲人的死亡，诺贝尔陷入极度的悲痛，但他并没有放弃对硝化甘油的研究。为了不殃及四邻，他将研究转移到郊区马拉湖中央的一艘船上进行，最终研制成功一种爆炸威力特强的炸药。这里我们可以看到一位伟大科学家所具有的优秀品质之一——极强的社会责任心。

由于这是一种油状的炸药，人们称它为“炸油”。这种炸药的威力比黑火药强得多，受到了社会的欢迎。诺贝尔办了一个工厂，专门生产炸油，当然生意兴隆。随着炸油的广泛使用，意外爆炸的事故也越来越频繁。

1865年12月美国的一家旅馆门前，发生猛烈的爆炸。地面上被炸出一个1米多深的大坑，周围房屋的玻璃全被震碎。后来查明，当时一个德国人带着10磅[1磅(1 b)＝0.453 6千克]硝化甘油正向旅馆走去，不知什么原因，“轰”的一声就发生了爆炸。据查，这10磅硝化甘油是诺贝尔工厂生产的。

1866年3月澳大利亚悉尼的一个货栈被炸毁，损失惨重。经查明，爆炸是由货栈中存放的两桶硝化甘油引起的，仍然是诺贝尔工厂生产的硝化甘油。

1866年4月在巴拿马的大西洋沿岸，一艘“欧罗巴”号客货轮被炸毁，74名乘客无一幸免。在随船的运输货物清单中，赫然写着“硝化甘油10磅”，生产厂家是“诺贝尔工厂”。

紧接着，美国旧金山、英国、法国等地都陆续发生爆炸事故。一时间，诺贝尔工厂成了众矢之的。英国、法国、葡萄牙等国政府纷纷颁布命令，禁止生产、销售和运输硝化甘油。人们纷纷指责诺贝尔，把他称作“贩卖死亡的商人”。连意大利化学家索雷多也发表声明，对自己发表的论文表示后悔。

对诺贝尔来说，这一切当然是痛心疾首的，压力也是巨大的。但他没有气馁，他想到的是应该想方设法去防止硝化甘油的意外爆炸，而且他坚信一定可以找到答案。每天他都沉浸在思考之中。一天傍晚，诺贝尔在海滩散步，远处一辆马车快速驶来，车上装着许多罐子，里面装的就是他们工厂的产品(炸油)。诺贝尔正在思考为什么在这辆颠簸的马车上，炸油却不会爆炸呢？马车已经驶到他的身边，马车夫一脸的神态自若，根本就不担心会发生爆炸。诺贝尔仔细一看，在罐子和罐子之间隔着一些东西，罐子下面也铺垫了一层东西。马车夫告诉诺贝尔，这是一种叫硅藻土的矿石，可以防止罐子和罐子之间的碰撞，万一炸油流出，还会被它吸收。原来硅藻土是一种多孔柔软的矿石，既能起到缓冲作用，又有吸收功能。

链接：硅藻土

硅藻土(diatomite)主要由硅藻遗体构成的多孔性柔软岩石。化学成分为无定形 SiO_2。

马车已经驶远，诺贝尔的思绪依然沉浸在硅藻土中。瞬间，硅藻土给了他灵感，既然吸附了硝化甘油的硅藻土在颠簸的马车上也不会爆炸，何不用硅藻土作载体来制备安全炸药呢？他立刻开始进行各种配方的研究，终于获得了非常满意的结果。他用40%的硅藻土吸附60%的硝化甘油制得的炸药，平时决不会爆炸，即使在撞击或加热的情况下也不会爆炸；而当你需要它爆炸时，只要用引爆器即可使炸药爆炸。当然，引爆器是他的另一项发明专利。这里我们又一次看到一位伟大科学家所具有的优秀品质之二——锲而不舍的执著精神。

人们被过去的爆炸事故吓怕了，并不相信诺贝尔的研究成果，为此诺贝尔精心筹备了一次现场表演。1866年7月14日表演在英国的一座矿山上精彩上演。被邀请观看的有政府官员、新闻记者、科学家、工程师以及用户。表演的第一个项目是将一包10磅的新型炸药放在火堆上烧，没有炸！接着，另一包10磅新型炸药被从高高的峭壁上扔下来，人们本以为炸药着地就要爆炸，但却没想到炸药落地后跌得粉碎也没有炸！最后，将一包10磅新型炸药埋入地下，并安置了引爆器。当诺贝尔说出“炸”的时候，果然发生猛烈的爆炸！目睹如此事实，人们心服口服，欧洲国家纷纷撤销禁运令，诺贝尔工厂又恢复炸药的生产，依然生意兴隆。

尽管这种安全炸药越来越受到人们的欢迎，但诺贝尔本人却对它依然不满意。这是因为在这种炸药中加入了毫无爆炸威力的硅藻土，降低了整个炸药的爆炸威力。他一直在思考如何才能制得既能保持爆炸威力又能保障使用安全的炸药。1875年的一个夜晚，诺贝尔在实验中不小心划破了手，他随手拿了一瓶“克罗酊”涂在创口上。克罗酊实际上就是硝化棉的酒精溶液，是黏稠的透明胶状液体。在创口上涂了一层克罗酊后，待酒精挥发完，硝化棉就将创口封闭以避免创口感染。诺贝尔突然想到，硝化棉和硝化甘油实际上是同一类物质，能否将硝化程度较低的硝化棉加入硝化甘油中呢？他连夜试验，不出所料，当他把这两种东西混在一起时，又一种安全的胶质炸药诞生了。由此可见，一个优秀的科学家，绝不会躺在已有的成绩上，他们永远追求更好、更新、更优秀。这里我们再一次看到一位伟大科学家所具有的优秀品质之三——精益求精，追求卓越。

诺贝尔一生曾获得 300 多项专利,终身未娶。1896 年在法国因心脏病发作而逝世。富有戏剧性的是他临终前所服用的药,恰好就是他研究了一生的硝化甘油。他在生前立下的遗嘱中写道:“把我全部可变换现金的财产都捐献给政府,并以此奖励在科学上有突出成就的科学家。”瑞典政府根据诺贝尔的遗嘱,在全世界范围内设立了 5 个奖项,分别是物理、化学、生理和医学、文学以及和平,各奖项分别由瑞典皇家自然科学院、瑞典皇家卡罗琳医学院、瑞典科学院和挪威议会的诺贝尔委员会等主持评选。

图 10.0.3 诺贝尔奖章

1968 年之后又增设了诺贝尔经济奖,奖金由瑞典中央银行出资。诺贝尔奖的奖金逐年增加,1901 年第一届时为 41 800 美元,到 2006 年已增至 140 万美元。诺贝尔奖的评选过程十分严格和保密。以化学奖为例,每年的评选首先由瑞典皇家科学院选举出 5 名化学家组成化学奖评选委员会,同时皇家科学院还规定了有资格提名候选人的成员,如瑞典的院士、物理和化学委员会的委员、已获得诺贝尔奖的得主,以及由皇家科学院选举出来的外籍科学家等。然后,化学奖评选委员会根据提名进行初选,委员提出推荐候选人,经委员会审定后交皇家科学院全体会议投票选举通过。诺贝尔奖的颁发日期就是诺贝尔逝世的 12 月 10 日。同一年得奖的得主可以是一个人,也可以是两个人,最多不超过 3 个人。选举全部过程的资料要等到 50 年之后公布。

小品:诺贝尔的两句名言

“我看不出我应得到任何荣誉,我对此也没有兴趣。”

“我更关心生者的肚皮,而不是以纪念碑的形式对死者的缅怀。”

一个伟人永远会活在我们的心中,他所表现的优秀品质也永远是我们学习的榜样。最后让我们记住:瑞典伟人诺贝尔是一个化学家。

链接:华裔科学家得奖名单

杨振宁	1957年	物理学奖	(美)
李政道	1957年	物理学奖	(美)
丁肇中	1976年	物理学奖	(美)
朱棣文	1997年	物理学奖	(美)
崔　琦	1998年	物理学奖	(美)
李远哲	1986年	化学奖	(美)
钱永健	2008年	化学奖	(美)
高　锟	2009年	物理学奖	(英)

附录

附录 1　元素周期表

元素周期表是元素周期律的具体表现形式，可以帮助我们更深入地了解元素周期律的内容和实质。随着科学的发展，元素周期表的内容不断补充和改进，其表现形式相应地也有一定程度的改善和变更。

最初门捷列夫(Д. И. Менделеев，1834—1907)以元素的相对原子质量和化学相似性为根据，按相对原子质量大小排列成元素周期表。表中列出了当时已经知道的 63 种元素，校正了某些元素的相对原子质量并预测了几种元素的存在。随着科学的发展，现代的元素周期表已经更加完善，并出现了多种形式。但通用的是短式(附表 1.1)和长式两种形式，短式是以门捷列夫发表的元素周期表为基础形成的；长式是以维尔纳(A. Werner，1866—1919)根据门捷列夫创建的元素周期表形式为基础形成的。

短式或长式的元素周期表，每一横列组成一个周期，每一竖行组成一个族。

短式的元素周期表的特点是分 9 个族，从 0 族到Ⅷ族。除 0 族和Ⅷ族外，各族(Ⅰ族至Ⅶ族)再分为主族(A)和副族(B)。这种表在格式上比较紧凑，并且便于对主、副族进行比较。但是把主、副族放在同一格里，它们的性质却有明显的差异。

长式的元素周期表的特点是把每一个周期排成一列。把ⅢB，ⅣB，ⅤB，ⅥB，Ⅷ族同列为过渡元素，还有的把Ⅷ族和所有的副族都列为过渡元素。第六周期的镧系元素和第七周期的锕系元素仍以镧和锕为代表列入表内。这样每一种元素(除镧系和锕系)只占元素周期表里的一格，避免了短式的元素周期表里一格放置两个元素的缺点。在这种表里，金属元素和非金属元素的分区也比短式的元素周期表明显。

有些元素族在习惯上还有特殊的名称。例如：ⅠA 族元素通称为碱金属元素，ⅡA 族元素通称为碱土金属元素，ⅦA 族元素称为卤素，0 族元素称为惰性元素。元素周期表里 57 号到 71 号元素通称镧系元素。钪(Sc)、钇(Y)和镧系元素通称为稀土元素。89 号到 103 号元素通称为锕系元素。

附表 1.1 元素周期表(短式)

周期＼族	Ⅰ A　B	Ⅱ A　B	Ⅲ B　A	Ⅳ B　A	Ⅴ B　A	Ⅵ B　A	Ⅶ B　A	Ⅷ	0
1	1 H 氢								2 He 氦
2	3 Li 锂	4 Be 铍	5 B 硼	6 C 碳	7 N 氮	8 O 氧	9 F 氟		10 Ne 氖
3	11 Na 钠	12 Mg 镁	13 Al 铝	14 Si 硅	15 P 磷	16 S 硫	17 Cl 氯		18 Ar 氩
4	19 K 钾 29 Cu 铜	20 Ca 钙 30 Zn 锌	21 Sc 钪 31 Ga 镓	22 Ti 钛 32 Ge 锗	23 V 钒 33 As 砷	24 Cr 铬 34 Se 硒	25 Mn 锰 35 Br 溴	26　27　28 Fe 铁 Co 钴 Ni 镍	36 Kr 氪
5	37 Rb 铷 47 Ag 银	38 Sr 锶 48 Cd 镉	39 Y 钇 49 In 铟	40 Zr 锆 50 Sn 锡	41 Nb 铌 51 Sb 锑	42 Mo 钼 52 Te 碲	43 Tc 锝 53 I 碘	44　45　46 Ru 钌 Rh 铑 Pd 钯	54 Xe 氙
6	55 Cs 铯 79 Au 金	56 Ba 钡 80 Hg 汞	57—71 La—Lu 镧系　81 Tl 铊	72 Hf 铪 82 Pb 铅	73 Ta 钽 83 Bi 铋	74 W 钨 84 Po 钋	75 Re 铼 85 At 砹	76　77　78 Os 锇 Ir 铱 Pt 铂	86 Rn 氡
7	87 Fr 钫	88 Ra 镭	89—103 锕系	104	105	106			

57—71 镧系元素	57 La 镧	58 Ce 铈	59 Pr 镨	60 Nd 钕	61 Pm 钷	62 Sm 钐	63 Eu 铕	64 Gd 钆	65 Tb 铽	66 Dy 镝	67 Ho 钬	68 Er 铒	69 Tm 铥	70 Yb 镱	71 Lu 镥
89—103 锕系元素	89 Ac 锕	90 Th 钍	91 Pa 镤	92 U 铀	93 Np 镎	94 Pu 钚	95 Am 镅	96 Cm 锔	97 Bk 锫	98 Cf 锎	99 Es 锿	100 Fm 镄	101 Md 钔	102 No 锘	103 Lw 铹

附录 2　元素名称及原子质量表

附表 1.2 为元素的符号及名称等，元素的符号按原子序数排列。元素的汉文名称，用汉语拼音和同音字注音。我国对元素符号的读音，习惯上按英文字母发音。英文名称和元素符号不符时，在括号内注出拉丁文名称，以表明元素符号的来源。

相对原子质量录自 1993 年国际相对原子质量表，以 $^{12}C=12.0000$ 为基准。相对原子质量数值加方括号者是放射性元素的半衰期最长的同位素的质量数。附表 1.2 中还列出了元素的主要化合价。

附表 1.2　元素的符号、名称、读音、相对原子质量、主要化合价及英文名称

原子序数	元素符号	元素名称	读音		相对原子质量	主要化合价	英文名称（拉丁名）
			汉语拼音	同音字			
1	H	氢	qīng	轻	1.007 94	1	Hydrogen
2	He	氦	hài	亥	4.002 602	0	Helium
3	Li	锂	lǐ	里	6.941	1	Lithium
4	Be	铍	pí	皮	9.012 182	2	Beryllium
5	B	硼	péng	朋	10.811	3	Boron
6	C	碳	tàn	炭	12.011	2,4	Carbon
7	N	氮	dàn	淡	14.006 74	1,3,5	Nitrogen
8	O	氧	yǎng	养	15.999 4	2	Oxygen
9	F	氟	fú	弗	18.998 403	1	Fluorine
10	Ne	氖	nǎi	乃	20.179 7	0	Neon
11	Na	钠	nà	纳	22.989 768	1	Sodium(Natrium)
12	Mg	镁	měi	美	24.305 0	2	Magnesium
13	Al	铝	lǚ	吕	26.981 539	3	Aluminium
14	Si	硅	guī	归	28.085 5	4	Silicon
15	P	磷	lín	邻	30.973 762	3,5	Phosphorus
16	S	硫	liú	流	32.066	2,4,6	Sulfur,Sulphur
17	Cl	氯	lǜ	绿	35.452 7	1,3,5,7	Chlorine

（续表）

原子序数	元素符号	元素名称	读音		相对原子质量	主要化合价	英文名称（拉丁名）
			汉语拼音	同音字			
18	Ar	氩	yà	亚	39.948	0	Argon
19	K	钾	jiǎ	甲	39.098 3	1	Potassium(Kalium)
20	Ca	钙	gài	盖	40.078	2	Calcium
21	Sc	钪	kàng	抗	44.955 91	3	Scandium
22	Ti	钛	tài	太	47.867	3,4	Titanium
23	V	钒	fán	凡	50.941 5	3,5	Vanadium
24	Cr	铬	gè	各	51.996 1	2,3,6	Chromium
25	Mn	锰	měng	猛	54.938 05	2,3,4,6,7	Manganese
26	Fe	铁	tiě	帖	55.845	2,3,6	Iron(Ferrum)
27	Co	钴	gǔ	古	58.933 2	2,3	Cobalt
28	Ni	镍	niè	聂	58.693 4	2,3	Nickel
29	Cu	铜	tóng	同	63.546	1,2	Copper(Cuprum)
30	Zn	锌	xīn	辛	65.39	2	Zinc
31	Ga	镓	jiā	家	69.723	2,3	Gallium
32	Ge	锗	zhě	者	72.61	4	Germanium
33	As	砷	shēn	申	74.921 59	3,5	Arsenic
34	Se	硒	xī	西	78.96	2,4,6	Selenium
35	Br	溴	xiù	秀	79.904	1,3,5,7	Bromine
36	Kr	氪	ké	克	83.80	0	Krypton
37	Rb	铷	rú	如	85.467 8	1	Rubidium
38	Sr	锶	sī	思	87.62	2	Strontium
39	Y	钇	yǐ	乙	88.905 85	3	Yttrium
40	Zr	锆	gào	告	91.224	4	Zirconium
41	Nb	铌	ní	尼	92.906 38	3,5	Niobium
42	Mo	钼	mù	目	95.94	3,4,6	Molybdenum
43	Tc	锝	dé	得	[99]	6,7	Technetium
44	Ru	钌	liǎo	了	101.07	3,4,6,8	Ruthenium
45	Rh	铑	lǎo	老	102.905 5	3	Rhodium
46	Pd	钯	bǎ	把	106.42	2,4	Palladium
47	Ag	银	yín	吟	107.868 2	1	Silver(Argentum)
48	Cd	镉	gé	隔	112.411	2	Cadmium

（续表）

原子序数	元素符号	元素名称	读音 汉语拼音	读音 同音字	相对原子质量	主要化合价	英文名称（拉丁名）
49	In	铟	yīn	因	114.818	3	Indium
50	Sn	锡	xī	西	118.710	2,4	Tin(Stannum)
51	Sb	锑	tī	梯	121.760	3,5	Antimony(Stibium)
52	Te	碲	dì	帝	127.60	2,4,6	Tellurium
53	I	碘	diǎn	典	126.904 47	1,3,5,7	Iodine
54	Xe	氙	xiān	仙	131.29	0	Xenon
55	Cs	铯	sè	色	132.905 43	1	Caesium
56	Ba	钡	bèi	贝	137.327	2	Barium
57	La	镧	lán	栏	138.905 5	3	Lanthanum
58	Ce	铈	shì	市	140.115	3,4	Cerium
59	Pr	镨	pǔ	普	140.907 65	3	Praseodymium
60	Nd	钕	nǚ	女	144.24	3	Neodymium
61	Pm	钷	pǒ	叵	[147]	3	Promethium
62	Sm	钐	shān	衫	150.36	2,3	Samarium
63	Eu	铕	yǒu	有	151.965	2,3	Europium
64	Gd	钆	gá	嘎	157.25	3	Gadolinium
65	Tb	铽	tè	特	158.925 34	3	Terbium
66	Dy	镝	dì	滴	162.50	3	Dysprosium
67	Ho	钬	huǒ	火	164.930 32	3	Holmium
68	Er	铒	ěr	耳	167.26	3	Erbium
69	Tm	铥	diū	丢	168.934 21	3	Thulium
70	Yb	镱	yì	意	173.04	2,3	Ytterbium
71	Lu	镥	lǔ	鲁	174.967	3	Lutetium
72	Hf	铪	hā	哈	178.49	4	Hafnium
73	Ta	钽	tǎn	坦	180.947 9	5	Tantalum
74	W	钨	wū	乌	183.84	6	Tungsten(Wolfram)
75	Re	铼	lái	来	186.207	……	Rhenium
76	Os	锇	é	鹅	190.23	2,3,4,8	Osmium
77	Ir	铱	yī	衣	192.217	3,4	Iridium
78	Pt	铂	bó	博	195.08	2,4	Platinum
79	Au	金	jīn	今	196.966 54	1,3	Gold(Aurum)

（续表）

原子序数	元素符号	元素名称	读音		相对原子质量	主要化合价	英文名称（拉丁名）
			汉语拼音	同音字			
80	Hg	汞	gǒng	拱	200.59	1,2	Mercury(Hydrargyrum)
81	Tl	铊	tā	他	204.383 3	1,3	Thallium
82	Pb	铅	qiān	千	207.2	2,4	Lead(Plumbum)
83	Bi	铋	bì	必	208.980 37	3,5	Bismuth
84	Po	钋	pō	泼	[209]	……	Polonium
85	At	砹	ài	艾	[210]	1,3,5,7	Astatine
86	Rn	氡	dōng	冬	[222]	0	Radon
87	Fr	钫	fāng	方	[223]	1	Francium
88	Ra	镭	léi	雷	226.025 4	2	Radium
89	Ac	锕	ā	阿	227.027 8	……	Aceinium
90	Th	钍	tǔ	土	232.038 1	4	Thorium
91	Pa	镤	pú	仆	231.035 9	……	Protactinium
92	U	铀	yóu	由	238.028 9	4,6	Uranium
93	Np	镎	ná	拿	237.048 2	4,5,6	Neptunium
94	Pu	钚	bù	不	[244]	3,4,5,6	Plutonium
95	Am	镅	méi	眉	[243]	3,4,5,6	Americium
96	Cm	锔	jú	局	[247]	3	Curium
97	Bk	锫	péi	陪	[247]	3,4	Berkclium
98	Cf	锎	kāi	开	[251]	……	Californium
99	Es	锿	āi	哀	[252]	……	Einsteimum
100	Fm	镄	fèi	费	[257]	……	Fermium
101	Md	钔	mén	门	[258]	……	Mendelevium
102	No	锘	nuò	诺	[259]	……	Nobelium
103	Lr	铹	láo	劳	[260]	……	Lawrencium
104	Unq				[261]		Unnilquadium

注：1964 年 104 号元素被证实后，苏联杜布纳联合核子研究所建议 104 号元素命名为 Ku，以纪念苏联化学家库尔恰托夫。美国伯克利实验组建议命名为 Rf，以纪念英国物理学家卢瑟福。国际纯粹与应用化学联合会为解决命名争执问题，自 1971 年以来曾多次开会讨论，均未解决。为此，该联合会无机化学组于 1977 年 8 月正式宣布以拉丁文和希腊文混合数字词头命名 100 号以上元素的建议。据此，104 号元素的英文名称为 unnilquadium，符号 Unq。

参考文献

1. 唐有祺,王夔主编. 化学与社会. 北京:高等教育出版社,1997

2. 王明华,周永秋等. 化学与现代文明. 杭州:浙江大学出版社,1998

3. Mark M. Jones, John T. Netterville *et al*. Chemistry, Man and Society. Philadephia: Saunders College, 1980

4. John W. Hill. Chemistry for Changing Times. New York: MaCmillan Publishing Company, 1988